大原資生 監修／建設工学シリーズ

環境工学

羽田守夫・江成敬次郎 共著

森北出版株式会社

● 本書のサポート情報を当社Webサイトに掲載する場合があります．下記のURLにアクセスし，サポートの案内をご覧ください．

https://www.morikita.co.jp/support/

● 本書の内容に関するご質問は，森北出版 出版部「(書名を明記)」係宛に書面にて，もしくは下記のe-mailアドレスまでお願いします．なお，電話でのご質問には応じかねますので，あらかじめご了承ください．

editor@morikita.co.jp

● 本書により得られた情報の使用から生じるいかなる損害についても，当社および本書の著者は責任を負わないものとします．

■ 本書に記載している製品名，商標および登録商標は，各権利者に帰属します．

■ 本書を無断で複写複製（電子化を含む）することは，著作権法上での例外を除き，禁じられています．複写される場合は，そのつど事前に（一社）出版者著作権管理機構（電話03-5244-5088, FAX03-5244-5089, e-mail：info@jcopy.or.jp）の許諾を得てください．また本書を代行業者等の第三者に依頼してスキャンやデジタル化することは，たとえ個人や家庭内での利用であっても一切認められておりません．

「建設工学シリーズ」発刊の序

　この「建設工学シリーズ」は，大学や高専の建設工学（土木工学）系の学科の学生諸君を対象に，最新の専門的基礎知識を確実に修得するのに有用・適切な教科書として，また参考書として広く用いられることを目指して，発刊されたもので，多くの学生諸君の勉学の伴侶として選ばれることを念願する．

　その企画の段階においては，多くの大学・高専で講義されている教科目を調査・選択して，15巻から成るシリーズとすることとし，各巻それぞれ，その分野で活躍され，現在，高専でその教科目を講義しておられる比較的若手の新進気鋭の先生方に，大学の先生と共著の形で執筆をお願いした．

　建設工学（土木工学）は工学全般の源流であり，人類の進歩とともに発達し，市民生活の向上に，大いに寄与してきたことはすでに周知のことであるが，昨今の社会構造の高度化・複雑化に伴い，建設技術は飛躍的に発展し，応用範囲は多岐にわたり，日々新たな問題にも取り組まざるを得ない状況にある．

　建設技術者を志す者は，この状況を認識して専門的基礎知識を確実に修得し，それを広く応用する能力を培うよう努めることが肝要である．

　このシリーズは，各巻とも，各執筆者が優れた教育経験を十分に生かし，懇切・丁寧な説明と多くの例題や演習問題によって，主要な専門的基礎知識の理解がより確かなものとなるよう配慮されており，建設工学系学生の教科書として最適なものとなっている．

　建設技術者を目指す学生諸君は，このシリーズによる学習において，十分に研鑽の実を上げ得るものと確信する．

　1997年2月

監修者　大原資生

まえがき

　建設工学シリーズのなかに環境工学が含まれることは画期的なことであるが，地球環境問題が人間活動や生活のあらゆる面に影響を及ぼし始めたいま，また必然的なことと思われる．豊かさはもたらしたが，開発に明け暮れた20世紀から，初心に立ち返って建設工学のありようを考えなければならない2000年の今日，本書が問題の解決に少しでも役立つならこれ以上の喜びはない．

　しかるに，環境という分野は広く，建設系に限っても何を取り上げるべきかは時代の進展にも関係し一義的に定めることはむずかしい．

　本書では，市民の大多数が都市に住むという都市化時代をふまえ，都市の媒質としての水，大気，土壌および市民のライフスタイルに密接に関連する廃棄物，騒音，振動からなる都市環境を中心にすえ，これを詳述した．これに都市を取り巻く自然環境と地球環境について，資源エネルギー問題や森林および河口・沿岸の生態系をキーワードとして詳述した．後者が第1編 地球環境と自然環境であり，前者が第2編 都市環境である．

　また，建設事業は環境を改変すると同時に，その行為は環境に対してさまざまな負荷を与えている．人類生存の持続性を担保するために人間のさまざまな活動による環境への負荷を削減していくことが求められており，建設活動からの負荷を削減することは，建設活動に携わるものの使命でもある．加えて建設工学は，これまでに独自の体系をつくっており，これが環境とどのようなかかわりをもってきたか，また新しい環境をどのようにつくっていくべきかについても重要な課題である．このような課題を第3編 建設活動と環境でとりあげ詳述した．環境という言葉にはマイナスイメージもつきまとうが，ものづくりをするのが建設工学の使命であり，環境の保全や環境創造の技術についても積極的にとりあげた．

　本書は，大学や高専における学生のための教科書，建設事業に携わる技術者のための参考書として書かれているが，各大学や高専において単位数の関係で

すべてをとりあげられない場合には，適宜これら3編や各章を取捨選択していただければ幸いである．

　もちろん，浅学非才の著者らには環境工学のすべてを論じることは不可能であり，その多くを参考文献によった．巻末に章ごとに参考文献，図書を掲げたが，これらの執筆者の方々に対して厚く御礼を申し上げる．また，著者らの思い違いなどのあることを危惧するが，諸賢のご叱正をお願いしたいと思う．

　著者らを衛生工学を通してここまで導いていただいた，恩師東北大学名誉教授 松本順一郎先生に深甚なる謝意を表します．

　出版に当たって，ご指導，ご叱責を頂いた森北出版(株)の渡邊侃治氏，石田昇司氏，吉松啓視氏にも感謝申し上げる．

2000年1月

著　者

目　　次

第1編　地球環境と自然環境

1章　地球環境　［羽田］ …………………………………………………… 2

1.1　地球環境問題の背景 …………………………………………………… 2
　1.1.1　人口の急激な増大　2
　1.1.2　人口の地域分布　3
　1.1.3　エネルギー資源の消費とその変遷　3
　1.1.4　先進国と発展途上国　5

1.2　地球環境問題 …………………………………………………………… 6
　1.2.1　地球温暖化とオゾン層破壊　6
　1.2.2　酸性雨　10
　1.2.3　森林の減少と土壌劣化, 砂漠化　13

1.3　地球環境と生態系 ……………………………………………………… 14
　1.3.1　地球誕生と大気, 水の生成　14
　1.3.2　生態系　15
　1.3.3　純生産量とエネルギーの流れ　17
　1.3.4　物質循環の3形態　18

演習問題 ………………………………………………………………………… 19

2章　自然環境とその特性　［羽田］ ……………………………………… 20

2.1　森林生態系 ……………………………………………………………… 20
　2.1.1　森林生態系の特性　20
　2.1.2　森林の純生産量と太陽エネルギー　21
　2.1.3　森林の機能　21

2.2　河口・沿岸生態系 ……………………………………………………… 25
　2.2.1　分解の場としての河口, 沿岸　25

2.2.2　河口・沿岸域の物理化学的特性　26
　　2.2.3　砂浜の有機物分解　27
　　2.2.4　底泥中の分解と生態系　28
　　2.2.5　湿地の生態系　29
　2.3　わが国の自然環境 ……………………………………………30
　　2.3.1　日本列島の位置と気象　30
　　2.3.2　わが国の水域，森林と植生自然度　31
　　2.3.3　大気，水質の現況　34
　　2.3.4　環境保全と環境基本法　35
　演習問題 ………………………………………………………………37

第2編　都市環境

1章　水　環　境　[羽田] ……………………………………40
　1.1　水の性質とその利用 ……………………………………………40
　　1.1.1　水の特性　40
　　1.1.2　水の循環と利用　41
　1.2　水質汚濁とその影響 ……………………………………………43
　　1.2.1　水質汚濁と公害　43
　　1.2.2　典型的な水質汚濁による公害　44
　　1.2.3　有害化学物質による生物への影響　46
　1.3　水質汚濁の背景と防止対策 ……………………………………48
　　1.3.1　水質汚濁の背景　48
　　1.3.2　水質汚濁の防止対策　51
　　1.3.3　水質汚濁の発生源　52
　1.4　水質汚濁の機構 …………………………………………………54
　　1.4.1　水質変化の基本式　54
　　1.4.2　自浄作用　55
　　1.4.3　質量移動と反応速度　58
　1.5　汚濁現象の解析 …………………………………………………59
　　1.5.1　ストリーター・フェルプスの式　59
　　1.5.2　脱酸素係数と再ばっ気係数　61

1.5.3　生物学的水質階級　61
　　1.5.4　富栄養化と生態学的モデル　62
1.6　水環境の再生と創造 ································63
　　1.6.1　親　水　63
　　1.6.2　これからの治水　64
　　1.6.3　エコロジカルな水質保全　65
　　1.6.4　快適な水環境　66
演習問題 ···66

2章　大気環境　［江成］ ································68

2.1　大気環境の特性 ································68
　　2.1.1　大気の組成　68
　　2.1.2　大気中の拡散　68
2.2　大気汚染物質 ································70
　　2.2.1　粒子状の物質　71
　　2.2.2　ガス状の物質　72
　　2.2.3　その他　75
2.3　大気汚染の防止 ································75
　　2.3.1　技術的対策　75
　　2.3.2　法的規制　79
2.4　地球規模大気汚染 ································80
2.5　廃熱とヒートアイランド現象 ················82
演習問題 ···84

3章　土壌環境　［江成］ ································85

3.1　土壌環境の問題 ································85
3.2　土壌汚染対策 ································86
　　3.2.1　土壌の汚染にかかわる環境基準　86
　　3.2.2　農用地土壌汚染防止対策　88
　　3.2.3　市街地土壌汚染防止対策　89
演習問題 ···89

4章 廃棄物 ［江成］ ··· 90

4.1 廃棄物概説 ·· 90
4.1.1 廃棄物の分類　90
4.1.2 一般廃棄物の現況　90
4.1.3 産業廃棄物の現況　92

4.2 都市ごみの処理 ·· 96
4.2.1 収集・輸送　96
4.2.2 再資源化技術　97
4.2.3 焼却　99

4.3 産業廃棄物の処理 ··· 105
4.3.1 濃縮　106
4.3.2 脱水　107
4.3.3 乾燥　107
4.3.4 破砕・圧縮　108
4.3.5 中和　108

4.4 廃棄物の処分 ·· 108
4.4.1 一般廃棄物の埋立処分　109
4.4.2 産業廃棄物の埋立処分　111

4.5 廃棄物管理 ·· 114
4.5.1 発生抑制　114
4.5.2 リサイクル　115
4.5.3 特別管理廃棄物（有害廃棄物）　116

演習問題 ·· 117

5章 騒音と振動 ［羽田］ ·· 118

5.1 音の性質と騒音 ·· 118
5.1.1 音の基本的性質と騒音　118
5.1.2 音の物理的尺度　119
5.1.3 音の感覚的尺度　121

5.2 騒音の測定, 表示と環境基準 ··································· 123
5.2.1 騒音レベルの測定と表示　123
5.2.2 騒音の影響と環境基準　125

5.3 騒音の伝搬，減衰と防止対策 ……………………………………………128
　5.3.1 騒音の伝搬と距離減衰　128
　5.3.2 騒音の超過減衰　129
　5.3.3 音の回折による減衰　130
　5.3.4 騒音の防止と対策　130
5.4 振動の性質 ………………………………………………………………132
　5.4.1 振動の基本的性質と公害振動　132
　5.4.2 振動の物理的尺度　133
　5.4.3 感覚的尺度　133
5.5 振動の発生，測定と規制 ………………………………………………135
　5.5.1 振動の発生源とその影響　135
　5.5.2 振動レベルの測定と規制基準　136
5.6 振動の伝搬と減衰 ………………………………………………………136
　5.6.1 弾性波の種類と伝搬　136
　5.6.2 距離減衰　138
　5.6.3 加振および共振現象　139
演習問題 …………………………………………………………………………139

第3編　建設活動と環境

1章　建設事業と環境　[江成] ……………………………………………142
1.1 土木建設事業の役割 ……………………………………………………142
1.2 環境問題の展開 …………………………………………………………143
1.3 これからの土木建設事業と環境保全 …………………………………145
演習問題 …………………………………………………………………………146

2章　建設工事に伴う公害問題とその対策　[江成] ……………………147
2.1 建設工事にかかわる公害問題 …………………………………………147
2.2 騒音・振動の発生と防止対策 …………………………………………149
　2.2.1 建設工事における騒音・振動の発生とその規制　149
　2.2.2 防止対策　152

2.3　建設工事に伴う廃棄物対策 ……………………………………………153
　　2.3.1　建設系廃棄物の取扱い　153
　　2.3.2　処理・処分　154
　　2.3.3　リサイクルの考え方　159
　2.4　濁水対策 …………………………………………………………………160
　　2.4.1　濁水の発生源　160
　　2.4.2　濁水の特性と関連法規　161
　　2.4.3　濁水処理施設　161
　2.5　その他の公害問題 ………………………………………………………161
　　2.5.1　地盤沈下　161
　　2.5.2　日照障害，電波障害　163
　　2.5.3　粉じん　163
　　2.5.4　交通問題　163
　演習問題 ……………………………………………………………………………163

3章　環境アセスメント　[江成] ……………………………………………165
　3.1　環境影響評価（環境アセスメント）の意味 …………………………165
　3.2　環境アセスメントの制度 ………………………………………………166
　3.3　環境アセスメントの手続き ……………………………………………167
　　3.3.1　スクリーニング　167
　　3.3.2　スコーピング（方法書の手続き）　168
　　3.3.3　準備書および評価書の手続き　169
　　3.3.4　事後調査に関する手続き　169
　3.4　環境アセスメントの技術 ………………………………………………169
　　3.4.1　調　査　169
　　3.4.2　予　測　172
　　3.4.3　評　価　174
　　3.4.4　各種図書の作成　175
　3.5　環境アセスメントの課題 ………………………………………………175
　演習問題 ……………………………………………………………………………176

4章　環境保全と創造　[江成] ……………………………………………177
　4.1　景観保全 ……………………………………………………………177
　　4.1.1　景観の考え方　177
　　4.1.2　景観の評価　177
　　4.1.3　景観要素と景観設計　178
　4.2　緑　化 ………………………………………………………………179
　　4.2.1　植物，森林の機能・効用　179
　　4.2.2　都市の緑化　180
　　4.2.3　道路緑化　180
　　4.2.4　緑の政策大綱　181
　4.3　多自然型河川整備 …………………………………………………182
　　4.3.1　多自然型河川整備とは　182
　　4.3.2　河川生態系の特徴　182
　　4.3.3　多自然型河川整備の方法　183
　4.4　エコロード …………………………………………………………183
　4.5　その他の環境保全創造技術 ………………………………………185
　　4.5.1　エコロジカルエンジニアリング（生態工学）　185
　　4.5.2　ミティゲイション　185
　　4.5.3　バイオマニピュレーション　186
　　4.5.4　バイオレメディエイションとファイトレメディエイション　186
　　4.5.5　ビオトープ整備　187
　演習問題 ……………………………………………………………………187

参考文献 ………………………………………………………………………188
演習問題略解 …………………………………………………………………192
索　引 …………………………………………………………………………194

第1編　地球環境と自然環境

1章
地 球 環 境

1.1 地球環境問題の背景
1.1.1 人口の急激な増大

いまからおよそ1万年前,世界の人口は約500万人であったと推定されている.しかし,今日世界の人口は60億人を越え,21世紀前半には100億人に達すると想定されている.この間,世界の人口は飢餓や疫病の発生,戦争などによる大量死で幾度も増減を繰り返してきたが,1850年に11億,1950年に25億,70年に36億に達し,90年に53億,96年には58億を越えるなど近年になりとくに急激に増大している.これは医療の発達や食料の増産など人類の英知の結果ではあるが,宇宙船地球号といわれるこの有限の地球上に,いったい何億の人間が快適に暮らせるのかという人類史上初めての問題をも提起している.

人口が増え,そのみなが豊かな生活を望めば,それだけ多くの資源を消費し

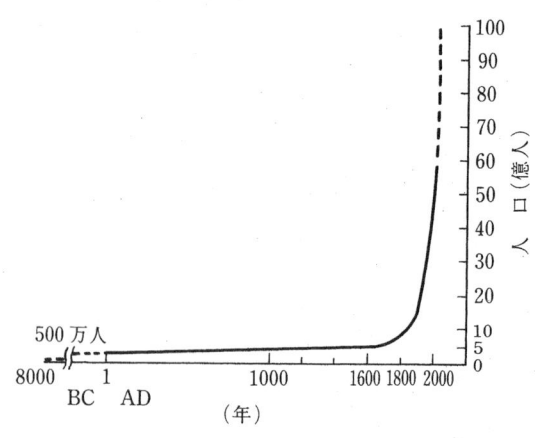

図1.1.1 世界人口の伸び

廃棄物を出し，それらが環境因子として気候さえも変えるほどの影響を地球環境にもたらし，私たちの生活ばかりでなく生存にさえもかかわってくる．将来も快適な生活を維持する，すなわち持続的発展（sustainable development）を成し遂げるにはどこに問題があり，どのように解決すればよいかを考えてみよう．

1.1.2 人口の地域分布

　基本的に人口の急激な増大があるが，より問題なのはその地域的分布である．たとえば，現人口の6倍もの人口が増加すると予想されるエチオピア，ナイジェリア，同じく4倍近いバングラデッシュなどアジア，アフリカの発展途上国が際だった伸びを示している．また，伸び率は小さいが絶対数の大きい中国やインドの存在も大きく，この2国で14億人の増加が予想されている．一方，欧米を中心とする先進国はアメリカの26%はやや大きいが，イギリスや日本など現人口の10%以下の伸びで，途上国とは対照的なゆるやかな伸びとなっている．

　先進国では，経済的繁栄と生活水準の向上が結婚年齢の高齢化や出生率の減少をもたらし人口の伸びを止めている．しかし，経済発展が遅れた発展途上国では，数を国力の発現とする考え方，貧困に伴う早婚，産児制限の不徹底などで出生数が多く，人口増加率も減少の兆候がみえていない．その結果，途上国における人口増大が先進国を大きく上回り，21世紀における人口増大の大部分はこれら途上国によるものと予想されている．解決の鍵は貧困からの脱出であるが，先進国から有用な資源を奪われ続けてきた歴史をもつこれら発展途上諸国では，何らかの援助なしに経済的に発展する，すなわち工業化することは困難になっており，またこれらの援助が自立を逆に困難にする面があるなど簡単な解決策はなく，人口問題もいわゆる南北問題の解決に依存している．

1.1.3 エネルギー資源の消費とその変遷

　19世紀半ばの産業革命に端を発する工業の発展は，その動力としてそれまでのエネルギー源であった木材を石炭に転換し，その消費量を飛躍的に増大させた．その結果工業生産は伸び，地域が潤い，経済が発展してその地域への農

村からの人口流入が始まり，より大きな都市へと発展して人口増大の契機をつくった．しかし，石油が発見されると，石油は制御しやすい液体燃料としてそれまでの石炭に代わって主エネルギーの位置を獲得した．石炭の使用による産業革命はイギリスを最初の経済大国とし，石油の使用はアメリカの経済を著しく発展させ，第二次大戦後イギリスを抜いて最大の経済大国を実現させた．

石炭や石油などの化石燃料は，地球の歴史上，太陽エネルギーが何億年もかかってつくりだした貴重なエネルギー資源であり，有限なものである．その化石燃料（石炭，石油，天然ガス）の埋蔵量に関しては，石炭については可採埋蔵量として約5912億t，石油については確認埋蔵量9074億バーレル，天然ガスについては可採埋蔵量で142〜433兆m^3と推定され，可採年数は約43年から200年といわれる．経済的規模の小さい時代には，資源の有限性は認識されることはあっても現実の問題ではなかったが，人口が増え，経済力も巨大化すると，動力源としての有限性は大きな問題になってきた．その結果石油につぐエネルギー資源が模索され，原子力エネルギーが注目され開発されることになった．この間の歴史的変遷を図1.1.2に示してある．

世界のエネルギー消費（石炭，石油，ガス，水力，原子力）の長期動向をみると，20世紀のはじめ（石油換算で10億t）まではゆるやかな増加であるが，第二次大戦後から急激に増加し始め，石油危機までは指数関数的に，その後は伸びは鈍ったものの増加傾向を続け，1985年には80億tの水準まで達してい

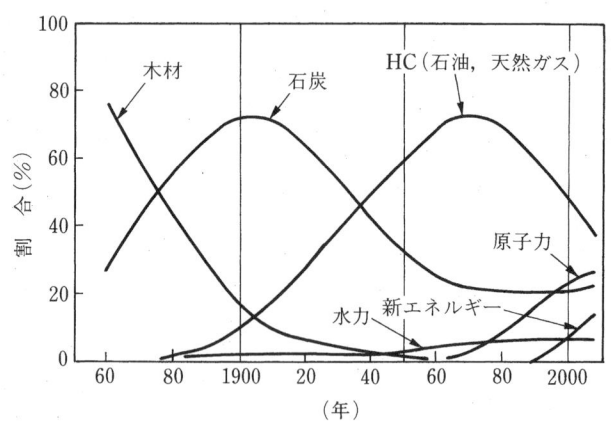

図1.1.2　一次エネルギーの変遷

る．1人当たりのエネルギー消費も同様の傾向で，1860年の約0.3tが20世紀前半には0.8t，石油危機後は1.7tのレベルに達している．このようにこの百数十年間の人類のエネルギー消費の伸びにはすさまじいものがあり，これは人口の急激な増大と全く軌を一にしている．

　化石燃料の大量消費は多量の廃棄物を生みだし，大気や水質などに深刻な環境汚染をもたらした．一方，核分裂を原理とする原子力が従来のエネルギー資源と異なるのは，人体影響の大きい半減期の極端に長い放射性廃棄物を出し，この管理を半永久的に行う必要があることである．近年の予想外の原発事故もありその安全性への疑問も消えていない．また，次世代のエネルギーといわれる核融合も，開発にしのぎを削っているもののまだ答えは見いだせていないといえよう．こう考えると，人類の巨大化した経済活動を支えるべき次の確かなエネルギー源がまだ見いだせないまま，いま，有限の化石燃料を燃やし，不安もある原子力に頼らざるをえないのが現状である．

1.1.4　先進国と発展途上国

　世界の消費エネルギーの長期傾向は，経済発展と密接に関連している．1985

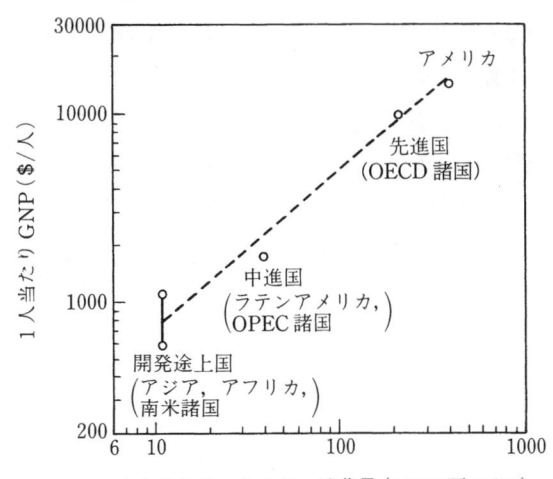

図 1.1.3　GNPとエネルギー消費
［逸見謙三，立花一雄監訳：西暦2000年の地球，家の光協会より作製］

年の世界各国の1人当たり国内総生産（GDP）と1人当たり消費エネルギーの関係を平均的に図に示したが，両対数紙上で経済発展と消費エネルギーの明確な相関関係を読みとることができる．発展途上国と，エネルギー資源を次つぎに転換し工業化に成功した先進国との間には，1人当たりで消費エネルギー，GDPともに約百倍もの開きがある．この図上で左下にある国々が人口の伸び率の大きい，21世紀の世界の人口問題の鍵を握っている国々で，これら諸国が先進国と同程度のエネルギーを消費するようになれば，そのエネルギーをどうするのか，地球環境にさらにどのような影響を与えるのかが問われている．

1.2 地球環境問題
1.2.1 地球温暖化とオゾン層破壊

地球の平均気温は，約10万年周期で訪れる氷期，間氷期の影響で約10℃にも及ぶ変動を繰り返してきた．これよりも短期の変動要因としては，太陽活動，火山活動，人間活動の影響などがあるが，近年心配されているのは人間活動の気候への影響である．年率1.5%で伸びる世界の人口や3%で増大するエネルギー消費量などの人間活動が，大気中の微量ガス（二酸化炭素，メタン，フロンなど）濃度を増大させ，気候を温暖化させる影響が懸念されている．

地球の平均気温が約15℃に保たれているのは，太陽からの入射エネルギーと，大気中で赤外線を吸収する水蒸気や二酸化炭素などのガスによる熱吸収および地球から宇宙への赤外線放出とのバランスの結果である．これらの微量ガスは，可視光線は通すが赤外線を吸収して熱を外に逃がさないので，二酸化炭素などが増えれば熱が内にたまり気温が上昇する．これを温室効果という．

現在の地表付近の平均的な大気組成を表1.1.1に示したが，人間活動は，このなかで窒素，酸素，安定な希ガス以外のほとんどの成分に影響を与えて変化

表1.1.1 平均大気組成

成分	濃度(ppb)	成分	濃度(ppb)	成分	濃度(ppb)
窒素 N_2	780.84×10^6	ネオン Ne	18.18×10^3	一酸化二窒素 N_2O	310
酸素 O_2	209.46×10^6	ヘリウム He	5.24×10^3	一酸化炭素 CO	90
アルゴン Ar	9.34×10^6	メタン CH_4	1.65×10^3	キセノン Xe	87
水蒸気 H_2O	4.83×10^6	クリプトン Kr	1.14×10^3	オゾン O_3	25
二酸化炭素 CO_2	340×10^3	水素 H_2	560	アンモニア NH_3	1

させており，またこの表以外の，1 ppb 以下の人工起源の成分（たとえば，フロン，ハロンなど）をも成層圏や対流圏に出現させた．温室効果ガスとして考慮しなければならないのは二酸化炭素，メタン，亜酸化窒素およびフロン，ハロンである．

（1） 二酸化炭素

二酸化炭素は，生物の呼吸や分解による発生，光合成や海水による吸収などを通して水圏，地圏，大気圏を循環し約 280 ppm で一定濃度を保ってきた．人間活動による化石燃料の消費はこの均衡を崩し，この 200 年で約 70 ppm も増加させた．増加率は 60 年代の 0.7 ppm/年から 80 年代には 1.6 ppm/年にまで増えている．

世界で最も長い記録となっているハワイ島における大気中の二酸化炭素濃度の変動を図 1.1.4 に示した．この記録から，二酸化炭素濃度は季節変化を伴って年々確実に増加していることがわかる．季節変化のおもな原因は陸上の植物活動にあり，夏期には植物の活発な光合成活動により固定量が放出量を上回るので濃度が低下し，冬期は光合成がほとんど行われないので放出されて濃度が

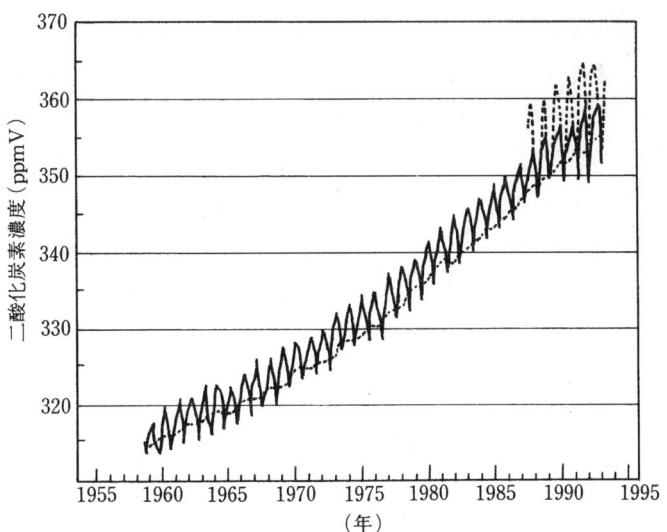

図1.1.4　二酸化炭素濃度の変化
［環境庁編：平成 7 年版環境白書］

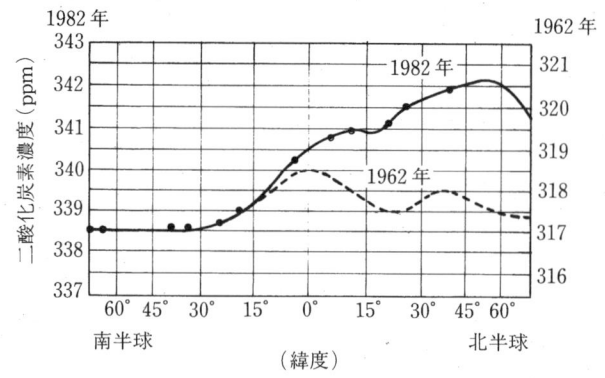

図 1.1.5 CO₂ 濃度の緯度分布
[高橋浩一郎, 岡本和人編著：21 世紀の地球環境, NHK ブックス]

上昇する．この季節変化の振幅は北半球の中高緯度付近で最大になる傾向を示す．これは，この付近に位置する先進諸国の活発な経済活動の結果によるもので，全地球的にみてもこの付近が最大濃度を，そして南半球の中高緯度付近が最低濃度をそれぞれ示し，基本的な増加傾向には人間活動が密接に関係している．

世界の二酸化炭素発生量に関して，年間約 58 億 t の炭素が排出されている．国別では，アメリカ，ロシア，中国が三大排出国で，これら 3 国で世界の半分以上を占め，ついで日本の順である．エネルギー別では石油と石炭がそれぞれ 42%，天然ガスが 16% で，二酸化炭素排出量を削減するには，化石燃料のなかでは比較的炭素含有量の少ない天然ガスへの転換や，排出負荷の大きい石炭利用の削減，排出量のない水力，原子力の利用増大を考える必要がある．

(2) メタンと亜酸化窒素

メタンと亜酸化窒素は，工業界もあるが自然界や農林畜産業からの発生量も多い．メタンは，化石燃料の採掘などのほか，有機物の嫌気的分解によって廃棄物の埋立地，湿地，水田などから発生し，また家畜（ウシ）の腸内発酵による分も大きく以上の原因で約 60% を占める．メタン濃度自体も年約 17 ppb の割合で増加している．一方，亜酸化窒素は化石燃料の燃焼や，アンモニアの硝化と脱窒の過程から発生すると考えられている．硝化は好気的条件下，脱窒は嫌気的条件下でそれぞれ発生し，これらの適地は地球上に広く分布するので自

然的原因によるものも多い．年発生量はメタンの約30%程度と推定される．

（3） フロンとオゾン層破壊

フロンガスは，正式にはクロロフルオロハイドロカーボン類といい，炭化水素に塩素，フッ素が結びついた化合物である．人体に無害で燃えず，油脂類を溶かすという特性をもつためスプレーの噴射剤，冷蔵庫の冷媒などとして工業的に広く使用されてきた．フロンはこの塩素がオゾン層を破壊することときわめて安定で寿命が長いことから注目され，いくつかの代替品も開発された．しかし，フロン自体も温室効果は二酸化炭素の数千倍大きく，代替フロンも含めて製造や使用の中止が決められている．今後はその回収や処理に努める必要がある．

オゾン自体も温室効果ガスである．成層圏でのオゾンは減少しているが，対流圏では増加しており温室効果上無視できない．フロンによるオゾン層破壊のメカニズムについては表1.1.2に示したが，オゾン層は有害な紫外線から生物を守る役割を果たしている．近年，南極上空を中心に周囲よりも極端に濃度が低いオゾンホールが観察され，しかもこの大きさが年々拡大していることが報告されている．オゾン層の破壊は，人間に皮膚ガンを増加させたり遺伝子レベルで損傷を与えたりするおそれがある．

表1.1.2 フロンによるオゾンの分解

紫外線によるフロンの分解	$CCl_3F \cdots Cl + CCl_2F$	①
塩素とオゾンの化学反応	$Cl + O_3 \cdots ClO + O_2$	②
一酸化塩素と酸素の化学反応	$ClO + O \cdots Cl + O_2$	③
	再度②に戻る	

［東京大学公開講座「環境」，東京大学出版会］

（4） 気温の上昇とその影響

過去約130年間の全地球の平均気温の変遷を図1.1.6に示したが，1920年ごろまでの低温の時期，その後の上昇と変動はみられるが全体として上昇傾向にあり，とくに80年代以降の気温の上昇が著しい．これが人間活動による影響と結びつけて考えられ，「気候変動に関する政府間パネル（IPCC）」は，19世紀以降地球の平均気温は$0.3 \sim 0.6°C$，海面も$10 \sim 25 \, cm$上昇したと結論し，このまま温暖化が進むと2100年には平均気温がさらに2°C，海面も50 cm上

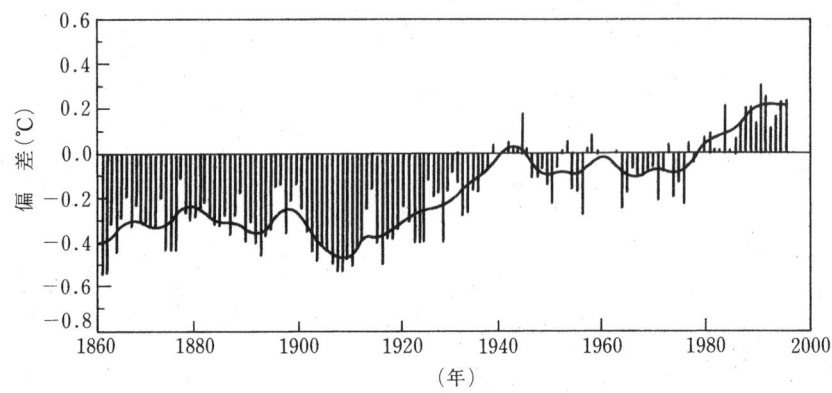

図1.1.6 全球平均気温の推移
1861～1994年の陸上気温と海面水温を結合したもの(全球平均)の1961～90年の平均値からの偏差(℃)
出典:IPCC (1995);気象庁訳
[環境庁編:平成10年版環境白書]

昇すると予測している．現時点での正確な影響予測は困難であるが，以下のことが憂慮されている．

①温室効果ガスによる気温上昇は地球規模の不可逆的な現象である．②工業活動だけでなく熱帯林の伐採や山焼きなどの影響も大きい．③温暖化は一様でなく中高緯度地域で平均の2倍の約1℃/10年に達する．④この上昇速度は森林の適応能力を上回り森林崩壊の危険性が大きい．⑤気温上昇だけでなく降水分布にも影響し，大陸中央部で乾燥化を進行させる．⑥気候変動により両極地の氷雪の融解が促進され，海水面が上昇する．

大規模な気候変動は，気温変化，水害の頻発や水利用可能量の低下などを通して穀物生産に影響し，食料問題としても世界に打撃をもたらす危険性がある．

1.2.2 酸性雨

清浄な雨水は，大気中の二酸化炭素で飽和して弱酸を形成し，pHは約5.6である．

$$CO_2 + H_2O \longrightarrow H_2CO_3$$
$$H_2CO_3 \longrightarrow HCO_3^- + H^+ \longrightarrow CO_3^{2-} + 2H^+$$

したがって，pH値がこれ以下の雨を酸性雨と呼ぶが，近年酸性の強い雨が先進工業国を中心に観測され，森林の枯死や魚類の消滅など生態系への影響が心配されている．これは工業活動に伴う化石燃料の燃焼で，二酸化炭素とともに硫黄酸化物（SO_x）や窒素酸化物（NO_x）も大量に排出されているためである．

(1) 酸性化の機構

車や工場などの発生源から，二酸化硫黄，窒素酸化物（$NO_x = NO + NO_2$），炭化水素，アンモニアなどのガス状一次汚染物質が排出されている．窒素酸化物は大部分NOとして排出されるが，酸化されてNO_2に変わり，これが光化学反応を受けてNOにかえる際に出す酸素原子と，酸素分子が反応することで以下のようにオゾンが生成される．

$$NO_2 + 太陽光（紫外線）\longrightarrow NO + O, \quad O + O_2 \longrightarrow O_3$$

光化学反応が進むと，SO_2やNO_2は酸化されて硫酸と硝酸ができ，これらはそれぞれエアロゾル（二次粒子）を形成し，雨滴に取り込まれて酸性雨の一因となる．このように酸性雨の形成は，気層での反応，雨滴への吸収，液層での反応の各過程を通して行われる．そして以上の一次，二次汚染物質は，地表で拡散して植物や土壌，水面などに吸着，吸収される乾性沈着と，雲粒や雨滴などに取り込まれて降下する湿性沈着とによって地上に降下している．

(2) 欧米における経過と日本

酸性雨は産業革命が起こったヨーロッパで初めて注目され，1968年スウェーデンの学者オーデンがそれまでの結果を体系的にまとめて発表して公になった．

1956年と66年のヨーロッパにおける降水のpHの変化を図1.1.7に示したが，pH値の低下と低pH地域の拡大の傾向，とくに55年以降のpHの急激な低下が明確にみられる．彼はこれらをまとめて，酸性降下物問題は汚染物質の長距離輸送などヨーロッパ全体の広域的現象で，地表水の変化，土壌からの金属の溶出，魚の減少，森林成長の減退，植物病害の増加，人工物の傷みなどを予測した．

わが国の降水のpHの平均は4.7（4.5〜5.2）で，欧米と比べても酸性の強い雨であることがわかる．地域別では西日本のほうが低く，季節別では西日本と日本海側では冬期に，東日本は夏期に低い傾向がみられる．経年的には60

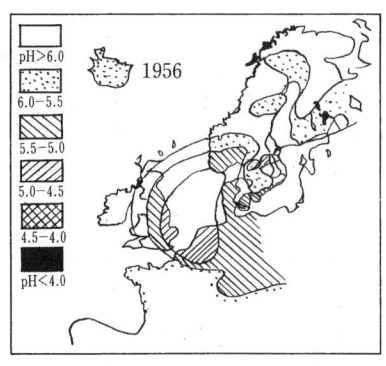 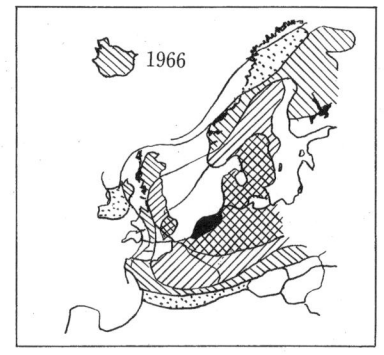

図 1.1.7 ヨーロッパにおける酸性雨の拡大
[Svante Odén : The Acidity Problem—an outline of concepts, Water, Air and Soil Pollution, 6, 137, 1976 より作製]

年代から低下が始まり，80年代後半からはほぼ一定の傾向が続いている．これらはわが国の工業活動の地域分布やエネルギー転換の反映であるが，冬期には大陸からの汚染物質の輸送が影響を与えている可能性もある．

（3） 酸性雨の影響

乾性沈着で植物表面に吸着した大気汚染物質は，雨水に洗い流されて土壌に達する．植物から雨水に溶脱する無機カチオンも pH の低下によってとくに Ca が増大し，これらは植物の生育を阻害する．土壌では，Ca，Mg，K などの塩基がイオン交換を通して溶脱され，代わりに H イオンが吸着されて土壌の pH が低下する．一般に Ca の多い土壌は緩衝能力が高く，花崗岩やポドゾル化した土壌は低い．酸性化が進むと植物に有害な Al，Cu などの金属イオンの溶出が促進され，pH 4 以下の土壌では毒性の強い Al が急激に溶出して植物の生育を抑制し，またこれらの水が流入する水域の水質を変化させる．

アメリカ北東部やヨーロッパ中西部では酸性雨によると思われる森林被害が進行している．1970年はじめにドイツを代表するシュバルツバルト（黒い森）のモミ林でそれまでにない枯損症状がみられ，ドイツ・チェコ国境の森林帯でも標高700m前後に生育するモミ林やトウヒ林でも同様の症状が確認された．80年代に入りブナやカンバなどの広葉樹林にも被害が出，また低地や若い森林にも被害が出ている．旧西ドイツにおける森林被害の例を表 1.1.3 に示したが，シュバルツバルトではすでにその 75% が何らかの被害を受け，チェコお

表1.1.3 旧西ドイツの森林被害

年	被害率(%)	年	被害率(%)
1982	7.7	1986	53.7
1983	34.4	1987	52.3
1984	50.2	1988	52.4
1985	51.9	1989	52.9

[茅陽一編：地球環境工学ハンドブック，オーム社，を参考に作成]

よびスロバキアでは50万haもの森林が完全に枯れたといわれる．そしてこれらの被害地域では，土壌のpHがこの20年間で4.3～5.0から3.1～3.8へと大きく低下していた．

水域の酸性化と魚類の消滅も報告されている．また，伝統的なヨーロッパの石造建築物やコンクリート構造物で，石材表面の色の黒色化やモルタルの溶出によるつらら生成など都市の建築構造物への被害も目立ってきている．

1.2.3 森林の減少と土壌劣化，砂漠化

発展途上国では，農地の拡大や燃料としての利用，木材の輸出を目的として熱帯林の伐採が進み，とくにアマゾンや東南アジアで急激に減少しつつある．たとえばタイでは，国土面積に対する森林の割合が，1950年代の約68%から，60年代52.6%，82年30.5%とわずか30年ほどで半分以下まで落ち込んだ．これは農地拡大と木材の先進国への輸出によるものである．世界の森林面積の現状は，60年代約40億haあった世界の森林面積が表1.1.4の78年には

表1.1.4 世界の森林面積（百万ha）

地域	現状 (1978)	予想 (2000)
ソ連	785	775
ヨーロッパ	140	150
北アメリカ	470	464
ラテンアメリカ	550	329
アフリカ	188	150
アジア・太平洋	430	249
合計	2563	2117

[茅陽一編：地球環境工学ハンドブック，オーム社，より作製]

25.6億haに減少し，年間の森林減少率が1800〜2000万haと見積もられているので2000年には21.2億haに半減すると予想されている．先進国の温帯林では森林面積の減少はほとんどみられないのに対し，発展途上国を中心とする熱帯林ではこの20年ほどでその40％近くが消失しようとしており，タイはその典型的な例となっている．

森林の減少は土壌の侵食，養分の流出を招き，地球の砂漠化を促す一因となる．また降水量の減少や二酸化炭素の増加にも関係するなど地球環境にも大きな影響をもっている．森林植物は大気中の二酸化炭素を光合成によって取り込み，成長し，呼吸で一部を吐き出す．この差の純生産量が1年当たり熱帯林で20〜25t，暖温帯林で12〜24t，冷温帯林で5〜11tと気温の高いところほど大きい．しかし，落葉，落枝として土壌に堆積する有機物量は熱帯林で1ha当たり約4tといわれ，亜寒帯林の約55tの10％以下である．これは高温により微生物活性や反応速度が大きく有機物が速やかに分解されるためで，熱帯林では養分はほとんどが植物体そのものに蓄積されて土壌には回されず，伐採は急激な土壌の劣化を招くことになる．

砂漠化の原因は，このように焼畑や開墾による森林の伐採，過放牧による低木の食害，木材や家畜のふんの燃料としての利用，工業原料としての木材の伐採と輸出，大気汚染による植林被害など何らかの形での森林や草地の減少から出発している．この結果，土壌の劣化を招き，さらに耕地の酷使，排水不良による塩害，表土の流出や風による移動などほとんどは人口増大に伴う人間の過剰な圧力で引き起こされている．現在の砂漠を取り囲む半乾燥地帯でとくに顕著であり，年5〜6万km^2の割合で拡大しているといわれる．危険性のある地域も含めると，すでに全世界の面積の約1/3にも達している．

1.3 地球環境と生態系

1.3.1 地球誕生と大気，水の生成

私たちを取り巻く自然環境の媒体としての大気，水，土壌は，地球誕生以来の長い歴史のうえで徐々に形成され，安定なものとなった．星はガスやちりの濃度の高い星間分子雲から誕生した原子星が，互いに衝突，合体を繰り返して微惑星に成長し，これらがまた衝突，合体して百万年ほどかかって惑星になっ

たと考えられている．微惑星は，高速衝突時に合体すると同時に，含有する0.1%の水と二酸化炭素，窒素などの揮発性ガスは，急激に圧縮されて高温高圧状態で蒸発し，内部から抜け出す．これが衝突脱ガスの過程で，たとえば隕石の主成分である蛇紋石からは，次のように輝石やかんらん石が生じて水蒸気が抜け出す．

$$\underset{\text{蛇紋石}}{Mg_3SiO_2(OH)_4} \longrightarrow \underset{\text{輝石}}{MgSiO_3} + \underset{\text{かんらん石}}{Mg_2SiO_4} + \underset{\text{水}}{2\,H_2O}$$

このような衝突脱ガスを経て大量の水蒸気がつくられると，その温室効果によって惑星の地表温度が上昇し，一定温度以上ではこれらが閉じ込められて大気となった．これが水蒸気を主成分とする地球の原始大気で，水蒸気を除けば二酸化炭素91%，窒素6.2%，硫化水素2%の構成であった．圧力は約百気圧，地表は高温のマグマの海で，約46億年前である．微惑星がなくなると地球の温度は太陽との距離から約330°Cまで低下し，水蒸気は雨として地上に降り海が誕生した．はじめは塩酸酸性の雨で，岩石との接触でしだいに中和され，二酸化炭素なども海水に吸収された．これが少なくとも38億年前の水惑星地球の誕生である．

大気中の酸素は，おもに海水中の下等生物の光合成によって約27億年前から徐々に増大し，約5.7億年前に現在量の1%のレベルを越すと生物の種と量が爆発的に増加し，4億年前ごろに10%を越すと紫外線の地表到達が弱まって生物の上陸が始まり，その後小さな変動を繰り返しながら約2億年前には現在のレベルに達した．主成分であった二酸化炭素も，海水への溶解や植物の光合成で消費されて減少し，徐々に現在とあまり変わりのない組成の大気となった．

1.3.2 生態系

地球上の原始大気から二酸化炭素を減じ，酸素を出して生物の進化を促したのは，太陽エネルギーと光合成を行う緑色植物の存在であった．この恩恵によって無機物から有機物が生まれ，生物は進化して人類が誕生し，動物などの排泄物や死体は微生物の働きで分解されて再度無機的環境に戻るという，安定したシステムが何億年もかかってつくられていった．これが生態系（eco-system）であり，これは太陽エネルギーが供給される大気，水，土壌からなる無機的な環境の上で，生産者としての植物，消費者としての動物，そして分解者としての微生物の三者のバランスから成り立っている．この生態系を通してエネルギーが流れ，物質が循環しているが，生態系は全地球的なものからミクロなものまですべてのシステムに存在し，図1.1.8に示すように階層的な構成と構造をもっている．

　人間は，生態系のなかでは最終消費者として頂点に位置するが，生態系の物質循環システムから離れて存在しているわけではない．環境を含めこれら四者は，エネルギーの授受や物質の循環を通して互いに影響を与えており，システムのどの過程が狂ってもバランスが崩れて生態系は破滅に向かう．近年の人間活動は巨大なエネルギーを消費し，分解者の能力を越える廃棄物を出して無機的環境に大きな影響を与え，多様な生物の存在を圧迫するなど，系のなかで人間だけが突出した存在になりつつあり，これが生態系からみた地球環境問題である．

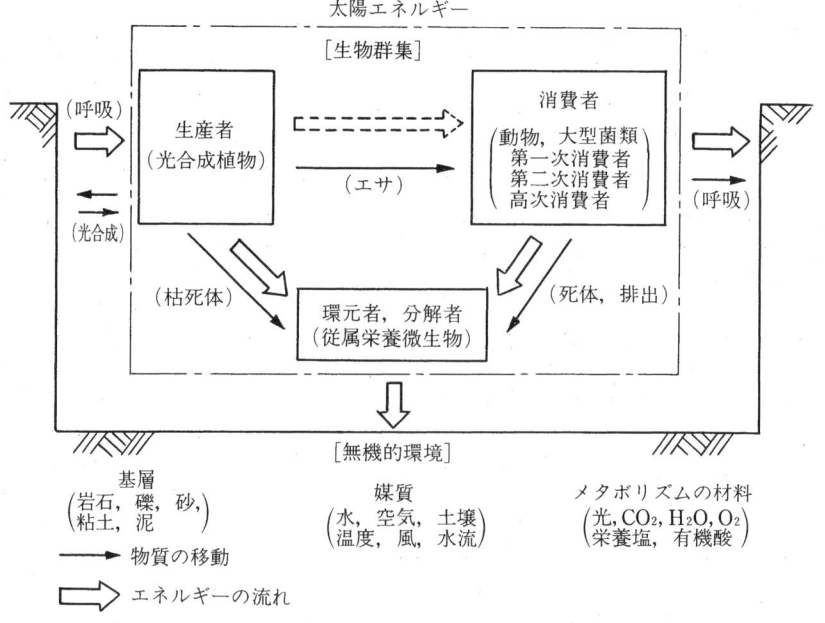

図1.1.8　生態系の構造と構成

1.3.3 純生産量とエネルギーの流れ

独立栄養生物による有機物の生産を一次生産というが，これはすべて太陽エネルギーでまかなわれ，人間を含む従属栄養生物の生存のための全エネルギーがこのプロセスから確保されている．太陽は地球に向けてエネルギーを放射しているが，その量は $2.0\,cal/cm^2/$分で，これを太陽定数という．球体の地球が実際に受け取る量はこの 1/4 で，さらに大気中を通過する間に雲の反射や吸収によりその約半分が失われ，地表面では $131\,kcal/cm^2/$年となる．この放射線は，波長が $0.2～4.0\,\mu m$ と広範囲にわたるが，光合成に使われる可視光線は $0.4～0.7\,\mu m$ の範囲でそのごく一部にすぎない．可視光の一部が緑色植物に吸収されて光合成が行われ，またその一部が化学エネルギーとして固定されることになる．

緑色植物により単位時間に固定されたエネルギー量または有機物量を総生産量といい，ここから呼吸に消費された量を差し引いたものを純生産量という．表 1.1.5 に，地球上の純生産量を植種ごとに示した．面積当たりの純生産量の大きさは森林が最大で，草原，ツンドラと続くが，高温多湿な熱帯多雨林や温帯林でとくに大きい．森林以外では，沼や入江などの水生植物の存在しやすい

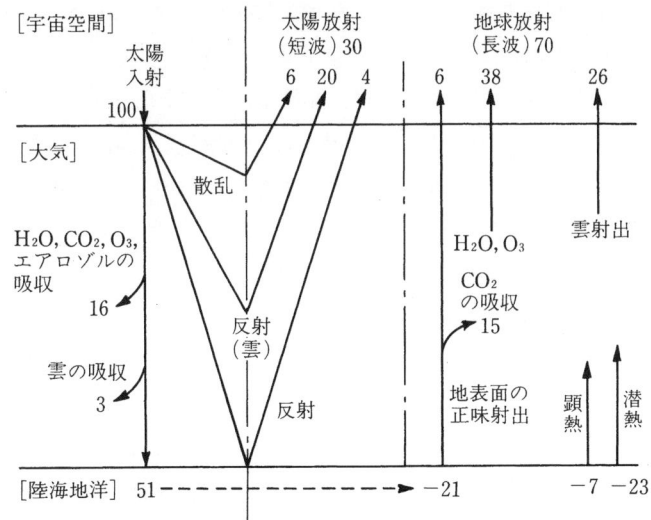

図 1.1.9 太陽，地球系の放射エネルギー収支
［東京大学公開講座：環境，東京大学出版会］

表 1.1.5 世界の一次生産力と現存植物量（乾量）

種　類	純生産量（t/ha, yr）	現存植物総量（10^9t）
熱帯多雨林	22	765
熱帯季節林	16	260
温帯常緑林	13	175
温帯落葉林	12	210
亜寒帯林	8	240
疎林・低木林	7	50
サバンナ・温帯草原	6〜9	74
ツンドラ・他	〜1.4	18.5
耕地	6.5	14
沼地・沼沢	30	30
湖沼・河川	4	0.05
陸地合計	7.82	1837

［河村武，岩城英夫：環境科学 I，朝倉書店，より作製］

場での大きさが目立つ．地球全体の純生産量は平均して年間 3.36 t/ha に達している．

　植物の現存量は陸地が圧倒的に大きく，かつその90％は森林である．入射した太陽エネルギーが生態系をどのように流れるかを森林を例にみると，一例として落葉広葉樹林の純生産量は，生育期間6〜9月の4か月で1 m² 当たり4680 kcal といわれる．これは，前述の太陽エネルギー地表入射量の約1％に相当し，残りの99％は，反射光，熱，蒸発散の潜熱として失われる．植物に固定された化学エネルギーのうち，20％は枝や幹の成長に，5％は根系の成長にそれぞれ使われ，残りの65％は落葉，落枝（リター）として地上に落下し，微小動物に取り込まれたり微生物に分解されてこれらのエネルギー源となる．

1.3.4　物質循環の3形態

　生態系の大きな機能として，開放系，半開放系および閉鎖系の物質の循環がある．これら三つの系を代表する物質が炭素，窒素およびリンなどである．

　生物体を構成する有機物中の炭素は，つねに外界から補給され，体内に蓄積され，一方外界へ排出している．このように炭素は無機的環境と生物の間をつねに循環し，このなかに大気も含まれることから開放系の循環といわれる．生物体中の窒素も，炭素と同様に食物としての摂取や，排泄物や死体として排出

され，微生物に分解され土壌中に戻ることを通して生物と環境の間を循環している．植物体を構成している窒素は，一部の窒素固定菌を除くと大部分は土壌から吸収されているので窒素の循環は半開放系と呼ばれる．閉鎖系の物質循環とは，大気とかかわりのない循環をいう．すなわち，土壌から栄養素として植物へ，植物から食物摂取として動物などへ，そして排泄され，微生物分解されてまた土壌へ戻るという経路で，P，Kなどの大部分の無機物質，金属類がこれに含まれる．

　これらの物質循環を通して無機的環境と生物とは密接につながり，互いに影響を及ぼし合っている．この物質循環を生物の食糧からみたのが食物連鎖であり，植物を食糧とする一次消費者から，これを食する二次消費者，さらに高次消費者へ流れ，その排泄物や死体の分解によって無機的環境に入り，また植物の栄養素となってもとに戻るという一連のつながりが完成している．

演習問題

1.1.1　21世紀の世界の人口増加の鍵を握っているのは発展途上国であるといわれる．なぜそうなったのか，およびどう解決すべきか考察せよ．

1.1.2　地球温暖化の原因となっている五つの温室効果ガス（二酸化炭素，メタン，亜酸化窒素，オゾン，フロン）の影響の度合いを量的，質的に比較検討せよ．

1.1.3　酸性雨の森林，魚類および建造物への影響について，結果としての現象とそのメカニズムについてそれぞれ調べよ．

1.1.4　生態系の安定したシステムとは何か．それが壊れようとしているとすれば原因は何か考察せよ．

2章
自然環境とその特性

2.1 森林生態系
2.1.1 森林生態系の特性

　ある地域を覆っている植物集団を植生という．植生はその地域の気候と土壌に支配されるが人間の干渉にも影響を受ける．植生はたとえば裸地から出発した場合，まず雑草が生え，ススキ野となり，徐々にマツやコナラが成長し，最終的に最も安定した状態である極相としての森林に達する．このように植生は時の経過とともに移り変わり，決して固定的なものではない．これを植生遷移という．地球上の温暖，湿潤な多くの地域では森林が極相となっている．
　地球の生態系を形づくるうえで最も重要な働きをしているのは，生産者としての植物，なかでも森林である．世界の土地利用からみると，耕地の11.3%に対し森林は陸地面積の31.3%を占め，二酸化炭素の吸収源および酸素の供給源として大きな役割を果たし，また独自の生態系をもっている．
　植物の分布には気候，とくに降水量と温度が大きな影響を与える．気候の乾

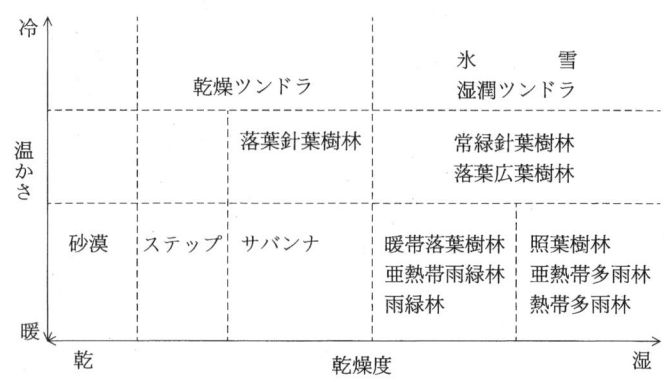

図1.2.1　世界の気候区分と植物帯の模式図

湿状態から植物帯を分けると，乾燥しているほうから砂漠，ステップ，サバンナ，森林となり，湿潤でなければ森林は存在しえない．温度から森林帯を分類すると，高温のほうから熱帯多雨林，亜熱帯多雨林，照葉樹林，落葉広葉樹林，常緑針葉樹林という系列が存在し，さらに低温ではこけなどのツンドラとなる．

　森林生態系を構成する主体は樹木である．樹木は一般に長命で大きく成長し，その群落の規模は大きい．下層には低木，草などが茂り，これらが一体となった多種類，多層構造の植物共同体を形成する．おもな生産者は樹木であるが，消費者として多数の鳥獣類が生息し，さらにクマやトラなどの高次消費者としての大型動物の生息もみられる．土壌の表層中には，ミミズ，昆虫の幼虫，トビムシなどの微小動物，カビやバクテリアなどの微生物が多数生息し，供給される有機物を無機物に還元している．このように森林生態系はあらゆる階層の生物と無機物を含んだ典型的な生態系で，地球上の生態系の究極の型を示している．

2.1.2　森林の純生産量と太陽エネルギー

　樹木の生産力は，葉面の空間的な広がりや幹という巨大な蓄積器官の保有などから生態系としてトップクラスにある．表1.1.5に，世界の植生ごとの純生産量と現存量を示したが，熱帯多雨林の22 t/ha 年から温帯落葉林の 12 t/ha 年まで，森林の純生産量の大きさと地球上での現存量を知ることができる．陸上では，植物現存量の約90％を森林が占め，その大部分は熱帯林である．

　わが国の調査でも，年間 1 ha 当たり落葉広葉樹林の 8.7 t から常緑広葉樹林の 18.1 t まで，純生産量には森林のタイプによって 2 倍強の差がある．これは基本的に落葉と常緑の差で，常緑樹林のほうが純生産量は大きい．植物の生産量とは太陽エネルギーを有機物として固定する量であり，わずか 1〜2％程度の効率にすぎないが，この値は人間の農業生産のエネルギー効率を上回り，自然の森林の生産者としての優位性が示されている（図1.2.2）．

2.1.3　森林の機能
（1）　大気浄化作用

　樹木は，水分と二酸化炭素をもとに，太陽エネルギーを吸収しながら光合成

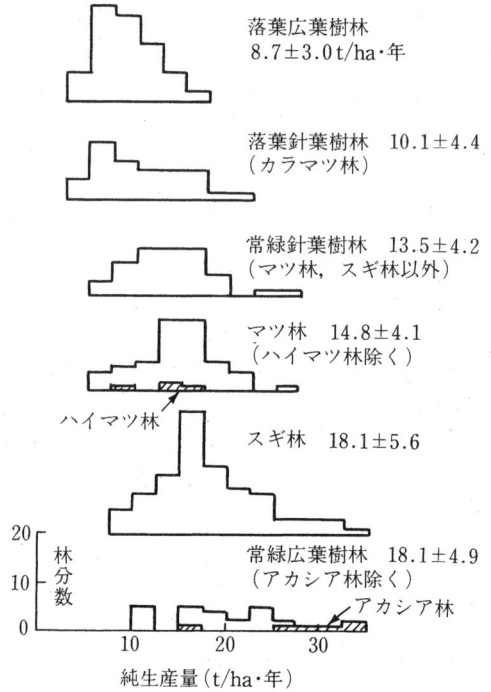

図1.2.2 森林タイプごとの純生産量
[只木良也：森の生態, 共立出版より作製]

を行い, 成長すると同時に酸素を出す. この総生産に関する光合成反応式は,

$$6\,CO_2 + 6\,H_2O + 677.2\,Cal \xrightarrow{\text{太陽エネルギー}} \underset{\text{グルコース}}{C_6H_{12}O_6} + 6\,O_2$$

$$\underset{\text{グルコース}}{C_6H_{12}O_6} \longrightarrow \underset{\text{デンプン, セルロース（樹木主成分）}}{C_6H_{10}O_5 + H_2O}$$

すなわち, 264gの二酸化炭素と108gの水および太陽エネルギーをもとに180gのグルコースと192gの酸素が生産される. またこのグルコースからは, 植物体の平均組成であるデンプンやセルロースが162gつくられ, 水分も18g出している. いま, 純生産量10tの森林を想定すると, この森林では1ha当たり年間16tの二酸化炭素を吸収し, 12tの酸素を供給している.

もう一つの森林の作用は, 汚染物質を葉面の気孔を通して吸収, 吸着することで大気を浄化することである. 街路樹などを通して大気汚染物質中の亜硫酸

ガス，ばいじん，鉛などを吸着除去し，イチョウ，ニセアカシア，プラタナスなどは除去能が大きく，シイ・カシ，ポプラ，ヤナギなどは低いといわれる．

(2) 水源かん養作用

樹木は地下に縦横に根を張ることによって土や石をしっかり保持し，その崩壊や流出を防止する．また，一部は落葉や落枝となって地面に堆積し，腐植に富むふかふかの厚いリター層を形成し，土壌の流出を防止している．

雨は，まず葉や枝に遮られて付着し，しずくとなって落下したり，蒸発したりする．地表に達した雨は，表面を流下することなくリター層や柔らかな地層に浸透し，その隙間などに蓄えられるので森林土壌の浸透能は崩壊地や伐採跡地に比べても大きい．森林域からの総流出量は樹木にも吸収されるので若干少なくなるが，洪水時にはピーク流量を低下させ，渇水時には水渇れを防止する効果，すなわち洪水と渇水緩和の両作用をもっている．

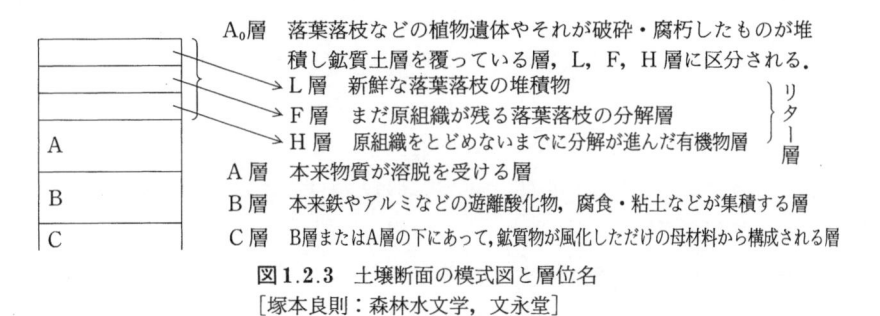

	A_0層	落葉落枝などの植物遺体やそれが破砕・腐朽したものが堆積し鉱質土層を覆っている層，L，F，H層に区分される．
	L層	新鮮な落葉落枝の堆積物
	F層	まだ原組織が残る落葉落枝の分解層
	H層	原組織をとどめないまでに分解が進んだ有機物層
A	A層	本来物質が溶脱を受ける層
B	B層	本来鉄やアルミなどの遊離酸化物，腐食・粘土などが集積する層
C	C層	B層またはA層の下にあって，鉱質物が風化しただけの母材料から構成される層

図1.2.3 土壌断面の模式図と層位名
[塚本良則：森林水文学，文永堂]

(3) 気象緩和作用

森林内に入射する太陽光は，樹木の葉層に当たってその大部分が遮られ，地面まで達するのはその数％にすぎない．葉層部では，光合成による水蒸気の発散（蒸散）が行われ，またここでは降雨だけでなく霧もとらえ（樹雨），水分として地上に落下させる．風も樹木に遮られて弱くなり，空気の移動を少なくさせる．この結果林内の地上付近では林外よりも湿度が4～13％も高く，また地温は夏期は低く，冬期は放射冷却が葉層部に妨げられるので高く維持される．林内では最高気温は低く，最低気温は高くなり，気温較差の少ない穏やかな気象条件になる．林地での気温の低下は，林内では大気の下降流，外では上昇流を誘発して循環流を発生させ，都市の気温上昇を抑える効果をもっている．

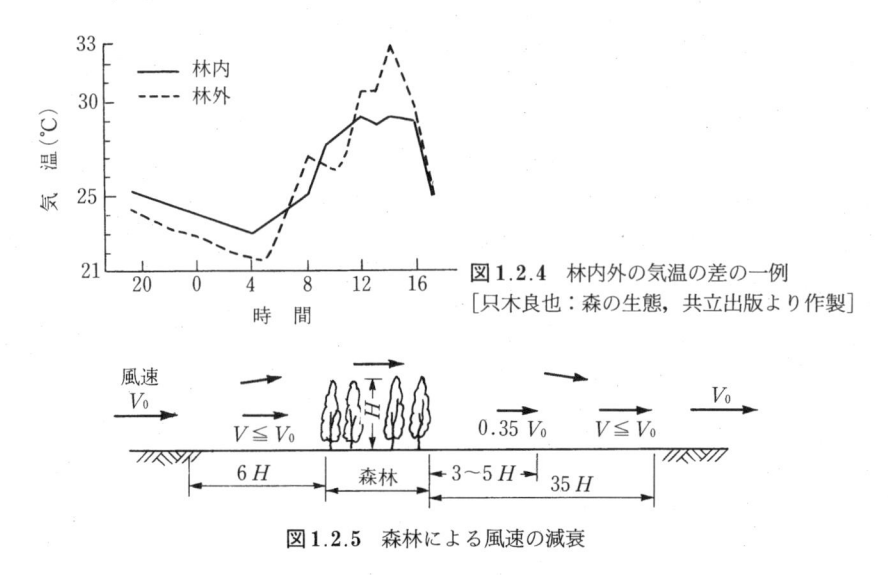

図1.2.4 林内外の気温の差の一例
[只木良也：森の生態，共立出版より作製]

図1.2.5 森林による風速の減衰

風に関しては，樹木の密度が最適であれば一部は林内を通過し，残りは上方へそらすことによって影響をやわらげる．一般に，樹木の枝葉幹の割合が60％前後で隙間が固まっていないことが必要であるが，樹高を H とすると，図1.2.5に示すように風上で $6H$，風下で $35H$ 程度の範囲まで効果がある．

(4) 防災効果

森林は火に対しても安全な効果をもつ．生木の枝葉は75〜150％もの水分を含むが，乾燥木は10数％にすぎず，前者が約400℃の熱に耐えられるのに対し，後者は260℃程度で着火するといわれる．火熱にさらされたとき，枝葉は含有水分を水蒸気として放出させて着火を防ぎ，この層が厚いほど抵抗できる時間が長く，たとえ着火しても立ち消える特性をもっている．延焼防止効果を発揮するには，一定以上の水蒸気放出能力，すなわち樹木の存在量が必要で，これは面積500 m² 当たり32〜56 t と想定されている．このように樹木の延焼防止効果は大きい．

(5) 騒音防止効果

都市生活につきまとう不快な音が騒音であるが，森林はこの騒音をやわらげる効果をもつ．樹木の葉や枝に音波がぶつかると，音のエネルギーは失われる．この効果は葉やその密度が大きく，樹木密度が大きく，林帯幅が大きいほど有

表 1.2.1 都内公園緑地の騒音低減

公園緑地名	場所	面積 (ha)	園外最高値 (ホン)	園内最高値 (ホン)
皇居	千代田区	102.3	88.0	70.0
井の頭公園	武蔵野，三鷹市	20.2	82.0	76.0
上野公園	台東区	53.0	82.0	78.0
浜離宮庭園	中央区	25.0	86.0	69.0
日比谷公園	千代田区	15.9	85.0	65.0

［中村英夫編：緑のデザイン，日経技術図書］

効である．森林の防音効果については詳しくはわかっていないが，都市内の森林公園が騒音防止に役だっていることも事実である．たとえば東京日比谷公園で，周辺は常時 70〜80 ホンの騒音に囲まれているが，園内に 10 m も入ると 10 ホンほど低下することが報告されている．また，広葉樹林，針葉樹林ともに 10〜15 ホン程度の減衰効果をもつという測定結果もある．これには，森が静寂なイメージをもつという心理的効果も含まれていると考えられている．

(6) 精神的効果

森林ということばに，緑，静寂，鳥や小動物，小川のせせらぎ，梢をわたる風など，私たちの生活に潤いを与えるものを人は思い浮かべるに違いない．これは，このような環境とは無縁ともいえる場で生活している現代人にとって，森は疲れをいやし，憩いの場を提供してくれることを期待させるからであろう．

森には静寂なイメージがあるが，人は決して無音の静かさを望んでいるわけではなく，小鳥の鳴き声やせせらぎなど，快適な音とともに森を考えている．そして，そこにひたるために人は森に出かけていく．ハイキング，魚釣り，野鳥や野花の観察，自然探求など，日常の生活での精神的緊張感を解きほぐすためのレクリエーションの場として森ほど適したところはなく，生活に潤いを与え，私たちの，とくに都市生活の質の向上に役立っている．

2.2 河口・沿岸生態系

2.2.1 分解の場としての河口，沿岸

河口・沿岸とは，海水の影響が及ぶ陸域（海浜，干潟，湿地，感潮河川など）と，日光の影響が及ぶ水深 15〜30 m までの浅海（岩礁，ラグーン，藻場

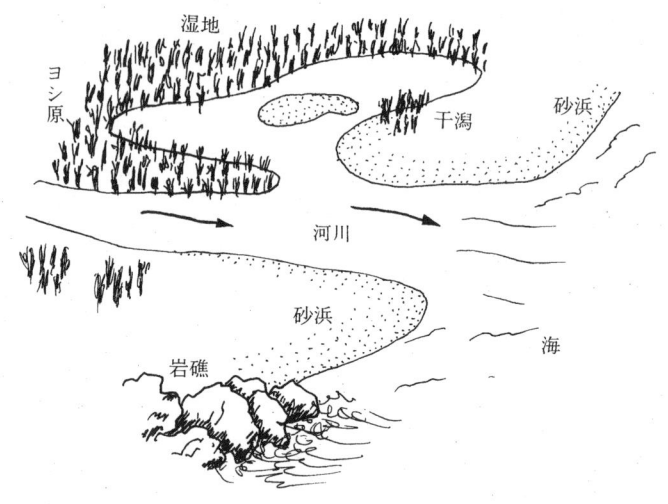

図1.2.6 河口, 沿岸域

など)をさす.そしてここは,陸と海の境界で淡水と海水が混合する特徴を有し,また,この場自体が波浪,潮流,潮汐,漂砂などの物理的過程を通して複雑に変化する特徴ももっている.

　森林とともに,物質循環のなかで重要な役割を果たす生態系に河口や沿岸における生態系がある.森林は生産者としての役割が重要であるが,ここでは分解者としての重要性を多くもっている.これは人間活動の結果として河川を通じて流れ込む土砂,栄養塩類,有機物などは,最終的にここで沈殿,堆積するためで,これらの影響は河口ごとに異なりそれだけ特異的な生態系が形成される.

2.2.2 河口・沿岸域の物理化学的特性

　河川の上流部から河口までを流送される物質の粒径からみると,上流では粒径が大で重い物質が沈殿し,流下するにつれ徐々に小さな物質も沈殿するようになる.そして河口部には,無機物の微粒子や有機物までも沈殿するデルタ地帯が形成される.また,河口・沿岸域は,淡水と海水が混合する場でもある.河川水と海水の化学組成を比較すると,海水では無機塩類の濃度が高く,河川水では窒素,リン,炭素などの人間活動に起因する成分の濃度が高い.一般に

海水は栄養塩濃度の低い貧栄養域を形成し，河川から供給される栄養塩が海中の生物活動に大きな影響を与えている．ここは多様な物質が集まる，物理化学的，生物学的反応の活発な場である．

この特徴をもたらすものに塩水クサビの存在がある．これは，河川水と海水とがぶつかるときに，密度の大きい海水が下層にもぐり込み容易に混じり合わない状態をさす．この境界面では塩分量が急激に変化し，電解質溶液が淡水中の物質にさまざまな影響を与え，たとえば河川水中の濁質はコロイドとしてマイナスに荷電するが，塩分量が影響して凝集や沈殿を促進する．腐植物質はフロックを形成しやすく沈降が容易になり，溶存有機物はキレート物質をつくって吸着したり，Alなどの金属類は水酸化物をつくって沈殿しやすくなったりする効果がある．

一方，無機態窒素，リン酸塩，ケイ酸塩などの溶存化学物質は，植物プランクトンに取り込まれてその増殖に使われる．これらは，動物プランクトンや魚の餌として取り込まれ，最終的にデトリタスやプランクトンのふん粒となって沈殿，堆積する．このように，淡水域から運ばれてくる化学物質は，その大部分が物理化学的，生物学的過程を経て河口域で沈殿，堆積することになる．

このようにして沈殿，堆積した河口・沿岸域の物質のなかには，生物にとって利用可能なエネルギー源や栄養物が豊富に含まれているので，生物活動は活発になり多様な生態系が形成される．まず，生産者としては，水中では植物プランクトン，沿岸域ではヨシが主体となり堆積底泥中の窒素やリンを吸収し増殖する．そしてこの根圏は空隙に富む構造なので，供給される酸素によって底泥中の物質の酸化を促すと同時に，消費者，分解者としての微生物，微小動物類に住かを提供し，この一帯に食物連鎖を通して多様な生態系をつくりだしている．

2.2.3 砂浜の有機物分解

河口・沿岸域の特徴の一つは砂浜の存在である．砂浜には，潮汐に伴う海水面の昇降により海水と大気が1日に2回出入りし，風に伴う波の打ち寄せによる小さな出入りも繰り返される．海水が砂層に繰り返し出入りすることで水中の有機物が分解，無機化され，浄化される効果が期待できる．

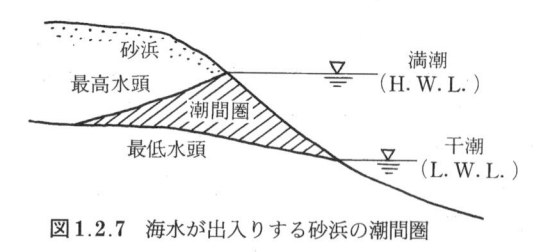

図1.2.7 海水が出入りする砂浜の潮間圏

　砂浜による海水の浄化は，浮遊状有機物の砂層表面における物理的なろ過捕捉と，砂層内の表面付着細菌群による好気性分解である．これが効果的なためには海水と大気が交互に繰り返し出入りすることで，砂層内がつねに好気的に保たれることが必要である．すなわち，海水の進入，酸素運搬に必要な砂層の間隙率と透水性，細菌群が付着するのに必要な粒子の表面積が重要な因子となる．実際の砂浜のCOD除去率は，最大50～80%と予想以上に高い．除去率は温度に関係し，5°C以下では25%程度の除去率であるが，夏期には70～80%にも達し，このときのCOD除去量は，一潮汐，海岸1km当たり6.7～9.9kgにもなる．

　有機態窒素も砂層の間隙水中で数十分の一まで減じ，その分無機態アンモニウムが増える．これも活発な硝化作用で酸化され硝酸の濃度が高くなる．これらの高い浄化作用は，砂層が一波ごとに繰り返し洗浄されるので目詰まりが生じにくいこと，酸素供給による好気性の維持のおかげである．透水性や通気性が失われると海浜としての呼吸は止まり，浄化機能は底生動物によるものだけとなる．

2.2.4　底泥中の分解と生態系

　河口・沿岸域の底泥では，単位体積当たりの微生物群の現存量がきわめて大きく，水中の植物プランクトンによって生産された有機物を分解し無機化している．この働きは水中よりもはるかに大きく，これは微生物群とその代謝機能の双方の多様性によるもので，物質循環における底泥の重要性を示している．

　底泥における微生物群による有機物の分解は酸化と還元によるが，これは酸素の存在いかんによって好気的分解と嫌気的分解に分かれる．酸素があれば，最も有利なエネルギー獲得形式である酸素呼吸（酸化）により有機物は安定し

た塩と水，二酸化炭素に分解される．分子状酸素がなくなる半嫌気的状態では，次に有利な硝酸還元（脱窒）により窒素ガスが生じ，より絶対嫌気性に近い状態では発酵により有機酸が生じる．最後に硫酸還元やメタン生成反応により硫化水素やメタンが発生し，有機物はこれらの物質に変換される．これは時間経過に伴う一連の反応であり，深さ方向に沿う一連の反応と考えてもよい．

これら底泥の表層付近には，ベントス（底生動物）と呼ばれる多種多様な生物が生息し有機物の分解に関係する．生息場所で区分すると表生生物（表面で生活するカキ，イガイ，ウニ，ヤドカリなど），半内生ベントス（内と外で一部ずつ生活するウミエラなど）と内生ベントス（基質内部で生活するカニ，ゴカイ，アサリなど）に分かれる．これらの底生動物は泥表面をつねに攪拌し，水中と底泥との間の物質交換を促し，硝化や脱窒反応を促進する効果をもつ．摂食様式も草食，肉食，腐肉食，泥食，堆積物（デトリタス）食，懸濁物食など多様である．ここでの食物連鎖は，植物プランクトンの光合成によって分泌された溶存有機物やデトリタスを餌としてバクテリアが増殖し，このバクテリアを原生動物（繊毛虫，無色ベン毛虫）が食べ，これらがより高次の底生動物に食されることによる．これらも肉食魚や渡り鳥類（シギ，チドリ類）に食されて連鎖が続く．底泥は，多種多様なプロセスに基づく生態系が成立する場である．

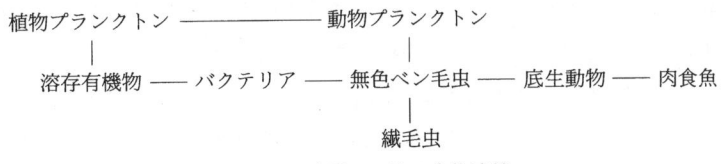

```
植物プランクトン ─────── 動物プランクトン
       │                        │
  溶存有機物 ── バクテリア ── 無色ベン毛虫 ── 底生動物 ── 肉食魚
                    │
                  繊毛虫
```

図1.2.8　海洋における食物連鎖

2.2.5　湿地の生態系

河口域で，潮汐に伴って汽水や海水が進入，後退を繰り返すところで植物の生息している場を湿地と呼ぶ．植物は，塩水か淡水かによってマングローブ，ヨシ，ガマ，マコモなどと変化し，海水の影響を受けるとガマ，マコモなどの抽水植物は姿を消すが，塩分に強いヨシは生育できる．水深数十cmの汽水域はヨシの生育に適した環境であり，日本各地の河口部でヨシ群落はよく見られ

る．

　ヨシの特徴は生産力が高いことで，条件がよければ高さ6m，密度120本/m^2，現存量4 kg/m^2 にも達する．また，ヨシの地下茎は地下数十cmで水平方向にも伸びて縦横に張り巡らされ，緻密なマット構造をつくる．通気組織の発達がよく，根系まで酸素が供給されるので発育がよく，有機物の分解にも効果的といわれる．ヨシ原にはアシハラガニが生息し，巣穴形成活動で土壌がつねに攪拌されるので水中の栄養分が地下によく浸透し，ヨシによる吸収を助けている．

　ヨシによって吸収された窒素やリンは，増殖と成長によって体内に貯蔵されるが，大部分は地下の根部にストックされ，その大きさはわが国の夏期の最大でそれぞれ24 g/m^2 と2.4 g/m^2 に達する．また，汚水処理水が流入する湖では，ヨシ原で窒素やリンが除去され，窒素の除去は70％は脱窒によるという報告もある．ヨシ原はこのような栄養塩類の吸収，生物による効果，微生物による脱窒のほか，浮遊物質のろ別，沈殿効果ももち，全体として大きな浄化能力をもっている．

2.3　わが国の自然環境
2.3.1　日本列島の位置と気象
　わが国はアジア大陸の最も東にあり，新しい造山活動地域に属する急峻な山岳列島からなる．北緯24°から45°30′の間に南北に細長く存在し，この位置はアメリカや地中海にほぼ相当するが，フランス，ドイツなどヨーロッパ諸国と比べると南方で，これらが基本的には温帯に属するが，多様な側面をもつ日本の自然を特徴づけている．アジアモンスーン地帯に属し季節風が卓越すること，降水量が多いこと，列島の北西側は世界的にもまれな多雪地帯であること，南東側は気温と湿度も高く亜熱帯並であることなどが気象面の特徴である．降水量は年間平均1750 mmで，世界平均の約2倍と多い．これは周囲を海に囲まれているほか，梅雨時の集中豪雨，南西日本での台風による豪雨，冬の季節風による日本海側への豪雪など，限られた時期に多量にもたらされる降水による．

　急峻な火山列島であることは，表1.2.2に示した国土の地形区分からもわかる．山地，火山地が国土の60％，丘陵を加えると71％が山地域に属し，平地

表1.2.2 日本の国土の地形区分と利用区分

区 分			面積 (万 ha)	構成比 (%)
地形	山地・火山地		2276	60
	丘　　　陵		419	11
	平地	山麓・火山麓	150	4
		台　　地	449	12
		低　　地	480	13
利用	農用地	耕　　地	552	14.6
		採草放牧地	17	0.5
	森　　　林		2527	66.9
	原　　　野		37	1.0
	水面・河川・水路		114	3.0
	道　　　路		99	2.6
	宅地	住　宅　地	103	2.7
		工場用地	15	0.4
		その他	14	0.4
	そ　の　他		298	7.9
計			3776	100.0

［土木工学大系 自然環境論(Ⅲ), 彰国社］

は29%にすぎない．急峻な地形は斜面の土砂崩れを頻発し，急勾配で短い河川は多量の土砂や降雨を短時間で海へ排出して洪水を頻発するなど自然災害の多い国土を形成する．また地震も多く，これは火山活動にも影響を受けている．火山は災害ももたらすが，温泉とともに優れた景観もつくりだし，多くの国立公園にも指定されるなど日本列島の地形を特徴づけている．わが国に多いローム，マサ土，シラスなどの土壌は，火山灰，火成岩の風化，火砕流の堆積などの火山活動に由来し，約2百万年前からの堆積によってつくられたものである．このようにわが国は，南北に長いことから寒冷から温暖湿潤まで幅広い気候をもち，多面的な自然環境を形づくっている．

2.3.2 わが国の水域，森林と植生自然度

わが国の水域を代表する河川，湖沼，海岸を概括しよう．河川の水際線に関しては，護岸などの人工化された部分が全河川の21.4%，また全国480の天然湖沼のうち，自然の湖岸線が保たれている割合は57%で，人為的改変を受

けている部分が多い．海岸線は長く，その延長は32817kmにも及び，世界でアメリカやロシアにつぐが，自然海岸（55.2％）が少なく，コンクリートや工作物で覆われた人工的海岸線（30.4％）が多い．このようにわが国は，河川や湖沼，海岸などの自然水域に対して人為的な改変が大きく進行した．

表1.2.2には，わが国の国土利用区分をも示した．これによると，最大の面積を占めるのは森林で約67％，次に農耕地の約15％，そして宅地の約3.5％と続いている．これは，わが国の基本的に湿潤な気候が森林の成長に適し，山岳列島ではあるが国土の2/3が森林で覆われていることを示している．

わが国は湿潤気候帯に属するが，南北に長いことからくる温度要因は多様で，亜熱帯，暖温帯，冷温帯，亜寒帯の4要因に分かれ，これに対応して森林も沖

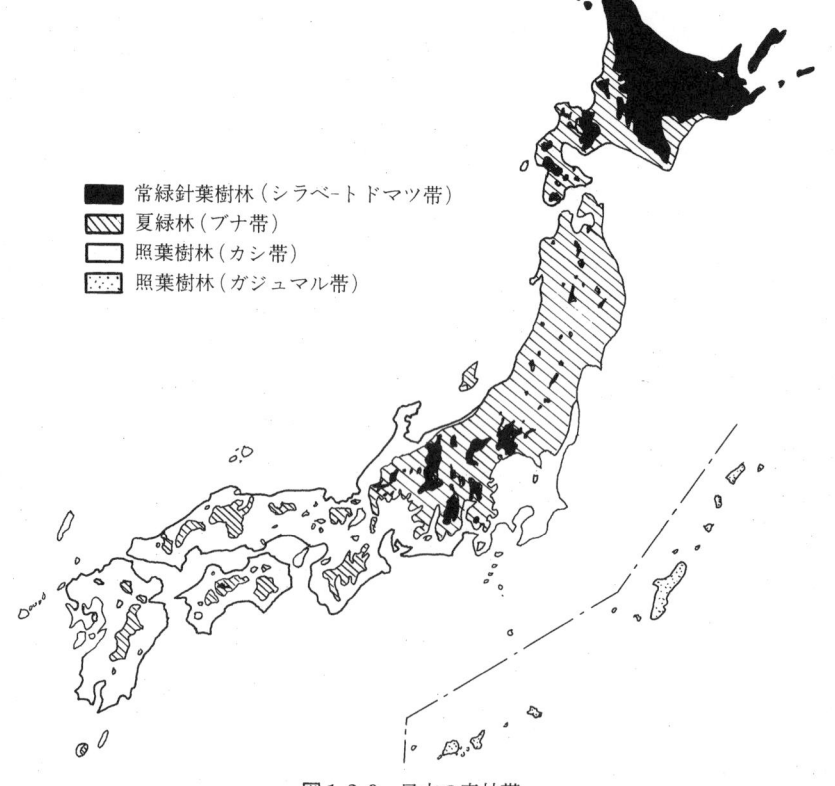

■ 常緑針葉樹林（シラベ-トドマツ帯）
▨ 夏緑林（ブナ帯）
□ 照葉樹林（カシ帯）
⋯ 照葉樹林（ガジュマル帯）

図1.2.9　日本の森林帯
［荒木ほか編：環境科学辞典，東京化学同人］

縄，小笠原，南西諸島が亜熱帯の多雨林（照葉樹林），関東以南が暖温帯の照葉樹林（カシ），中部地方の高地から東北，北海道の南西部までが冷温帯の落葉広葉樹林（夏緑樹），そして北海道の中部以北が亜寒帯で常緑針葉樹林と大まかに4分類される．この関係を図1.2.9に示した．森林帯は垂直的にも4区分され，高いほうから高山帯（寒帯）のハイマツ，亜高山帯（亜寒帯）の常緑針葉樹林，山地帯（冷温帯）の夏緑樹林，亜山地帯（暖温帯）の照葉樹林となる．亜熱帯林とハイマツは，それぞれ沖縄や高山にしか存在しないので，わが国の森林の大部分はタブ・カシ・シイの照葉樹林，ブナなどの落葉広葉樹林およびエゾマツ・トドマツに代表される常緑針葉樹林の3樹林が占めている．

　植生は人間の手が入ると変化するが，わが国の植生自然度を土地利用区分と併せて表1.2.3に示した．最も高い自然度をもつ9と10の割合は国土の約19％程度で，その大部分は前述のハイマツ帯を含む4樹林帯の一部と，そのほか

表1.2.3　わが国の植生自然度

	植生自然度	区　分　基　準	割合(%)
10	自然草地	高山ハイデ，風衝草原，自然草地など，自然植生のうち単層の植物社会を形成する地区	1.1
9	自然林	エゾマツ-トドマツ群集，ブナ群集など，自然植生のうち，多層の植物社会を形成する地区	18.2
8	二次林(自然林に近いもの)	ブナ・ミズナラ再生林，シイ・カシ萌芽林など代償植生であっても，とくに自然植生に近い地区	5.4
7	二次林	クリ-ミズナラ群落，クヌギ-コナラ群落など，一般には二次林と呼ばれる代償植生地区	19.1
6	植林地	常緑針葉樹，落葉針葉樹，常緑広葉樹などの植林地	24.7
5	二次草原(背の高い草原)	ササ群落，ススキ群落などの背丈の高い草原	1.6
4	二次草原(背の低い草原)	シバ群落などの背丈の低い草原	1.6
3	農耕地(樹園地)	果樹園，桑園，茶畑，苗園などの樹園地	1.8
2	農耕地(水田・畑)，緑の多い住宅地など	畑地，水田などの耕作地，緑の多い住宅地	20.9
1	市街地，造成地など	市街地，造成地などの植生のほとんど残存しない地区	4.0
	自然裸地		0.4
	開放水域		1.1
	計		100.0

［環境白書より］

表1.2.4 自然環境保全地域

種類	地域名	指定年月	面積 (ha)	場所
原生自然環境保全地域	1 遠音別岳	1980. 2	1895	北海道
	2 十勝川源流部	1977.12	1035	北海道
	3 大井川源流部	1976. 3	1115	静岡県
	4 南硫黄島	1975. 5	367	東京都
	5 屋久島	1975. 5	1219	鹿児島県
自然環境保全地域	1 白神山地	1992. 7	14043	青森県, 秋田県
	2 崎山湾	1983. 6	128	沖縄県
	3 笹ヶ峰	1982. 3	537	愛媛県, 高知県
	4 和賀岳	1981. 5	1451	岩手県
	5 大佐飛山	1981. 3	545	栃木県
	6 白髪岳	1980. 3	150	熊本県
	7 大平山	1977.12	674	北海道
	8 利根川源流部	1977.12	2318	群馬県
	9 早池峰	1975. 5	1370	岩手県
	10 稲尾岳	1975. 5	377	鹿児島県

河辺・湿原・沼地・砂丘などである．森林の内訳も，自然林・二次林が43％，植林が25％で，この約10年で自然林などが4％減少しその分植林が増加している．また，市街地などの人口表土地が増加し，自然度の低下が進んでいる．

わが国では，自然環境保全法に基づき地域指定を行い，原生自然環境保全地域と自然環境保全地域の二つに分けて保全を図っている．表1.2.4に示すように，山岳を中心とした自然林をもつ15の地域が指定されている．また，世界遺産条約に登録することによって貴重な自然を残すことも世界的に行われており，わが国ではヤク杉巨木の屋久島とブナ原生林の白神山地，海と陸の複合的な生態系が見られる知床の3地域が指定されている．

2.3.3 大気，水質の現況

大気や水質は，とくに人間活動の影響を反映するが，この現況を環境基準達成率という観点からみよう．まず大気について，平成5年度の一般環境大気測定局と自動車排出ガス測定局における達成率を表1.2.5に示した．窒素酸化物（二酸化窒素）と浮遊粒子状物質の達成率が低く，かつ近年になっても横ばいか悪化している．これらはおもに化石燃料の燃焼により固定（工場）または移動発生源（車など）から排出され，固定発生源のNO_x総量規制が実施されて

表 1.2.5　大気環境基準の達成状況（1993 年）

測定局	達成率 (%)			
	NO$_2$	浮遊粒子状物質	SO$_2$	CO
一般環境大気	95.6	58.3	99.8	100
自動車排出ガス	67.1	40.5	100	100
近年の状況	高水準で横ばい	横ばい	減少	低レベルで推移

［環境白書，1995 より］

いる東京，横浜，大阪の3都市の自排局での二酸化窒素達成率はわずか11%にすぎない．

次に水質は，有機物質に関する生活環境項目についての達成率が低い．BODまたはCODの達成率を水域別にみると，平成8年度で海域と河川がほぼ横ばいのそれぞれ81%と73%，湖沼が低水準だがやや上昇して42%と，とくに湖沼に関して低い．しかも湖沼での窒素とリンに関する達成率は約1/3にすぎない．このような外界との出入りが少ない湖沼，内海内湾などの閉鎖性水域，少流量で排出負荷の大きい都市河川などの水質悪化と停滞が近年目立っている．

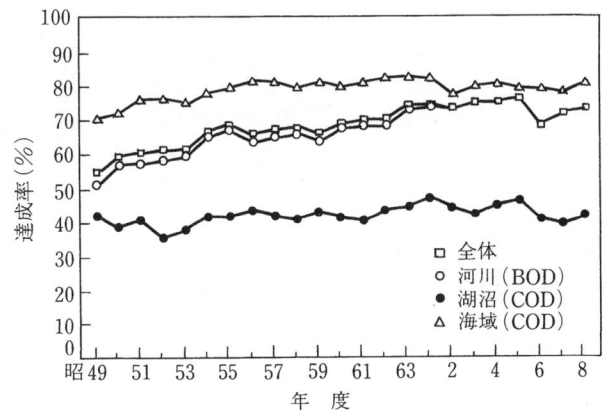

図 1.2.10　環境基準（BOD または COD）達成率の推移
［環境庁編：平成10年版環境白書］

2.3.4　環境保全と環境基本法

貴重な自然環境を後生に残していくためには，人間活動に対する規制と現存する環境の保全の双方が必要である．1967年に制定されたのが公害対策基本

法であり，これは環境の質を一定以上に維持するために，おもに企業活動からの排出量を規制するものであった．人が健康で快適に生活していくうえで望ましい基準として環境基準が制定され，環境容量の概念や総量規制が現実のものとなった．一方，残された貴重な自然環境を開発から守るために 1973 年につくられたのが自然環境保全法で，地域を指定することによりその保全を図っている．

しかし，近年の都市生活型公害や地球温暖化問題などの環境問題の多くは，国民生活や事業活動一般に起因するもので，もはや特定の汚染者によるものではない．この解決には，前述の 2 法を柱とする問題対処型取組みでは不十分で，全国民的課題として取り組む必要があり，環境政策の基本的理念とそれに基づく施策の総合的な枠組みを含めた環境基本法が 1993 年に制定された．

世界の環境問題に対する歴史的経過は，1972 年に国連人間環境会議がストックホルムで開かれて"人間環境宣言"が採択され，環境や資源の有限性と宇宙船地球号という運命共同体の一員であることを世界の人々に知らせた．1980 年には，アメリカで報告書"西暦 2000 年の地球"が出され，人口増大による環境悪化について厳しい予測がなされた．そして 1992 年には国連"環境と開発"会議（地球サミット）がリオ・デジャネイロで開かれ，"リオ宣言"と行動計画"アジェンダ 21"を採択した．宣言は持続可能な開発（sustainable development）を基本理念とする開発と環境保全の不可分の関係をうたっている．

環境基本法は人類の福祉に貢献することを目的としている．そして，地球的規模の環境問題を人類の存続基盤にかかわる共通の課題としてとらえ，世界各国の参加のもとに解決を図ろうとするもので，地球温暖化，オゾン層の破壊，海洋汚染，生物多様生の減少，有害廃棄物の越境移動，酸性雨，砂漠化，森林の減少の 8 課題を具体例としてあげている．また，環境基本計画を策定し，社会のあり方そのものを環境への負荷の少ない，したがって持続的発展が可能な循環型社会に転換していかなければならないことを示している．

このほか，水鳥の生息地としての湿地に関するラムサール条約（1971），投棄による海洋汚染の防止に関するロンドン条約（1972），絶滅のおそれのある野生動植物の国際取引に関するワシントン条約（1973），オゾン層の保護のた

めのウイーン条約（1985），有害廃棄物の越境移動に関するバーゼル条約（1989）など，国連を中心として国際的な取組みで地球環境の保全に当たっている．

演習問題

1.2.1 森林の果たしている役割を列挙し，それぞれ考察せよ．
1.2.2 あなたが住んでいる地域の森林面積を調べ，森林タイプごとの平均的な純生産量をもとに年間の酸素供給量，二酸化炭素吸収量を計算せよ．
1.2.3 自分の住む都市の緑地面積（公園など）を調べ，とくに都市域での森林の効果という点から，それが十分に実現されているかどうか考察せよ．
1.2.4 河口沿岸生態系での水質浄化に果たす砂浜やヨシ原の役割を説明せよ．
1.2.5 本書でとりあげた以外の地球環境問題を調べよ．
1.2.6 わが国の代表的な河川や湖沼の水質の経年変化を調べよ．
1.2.7 降雨の酸性度を簡単に測ってみよう．
1.2.8 わが国の自然環境の特徴を，とくに諸外国と比較して検討しよう．

第2編 都市環境

1章
水　環　境

1.1 水の性質とその利用
1.1.1 水の特性

水は身近な物質であるが，水だけがもつ特性を豊富にもっている特異な物質でもある．分子構造からみると，水分子は極性をもち他分子の反対電荷側と付着しようとする強い力（水素結合力）をもつ．これが水の溶解性が強い一要因で，水分子どうしもこの水素結合で結ばれているのできわめて安定性が強く，沸点や融点が他分子に比べて高く，液体や固体になりやすいという特性をもっている．

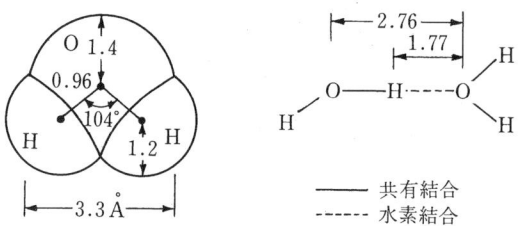

図 2.1.1　水分子と水素結合
［松本順一郎編：水環境工学，朝倉書店］

水が固体，液体，気体の3態変化をすることもこの性質に関係し，これは水の蒸発，降水，流出という水文学的循環を可能にしている．図 2.1.2 に氷を熱したときの温度変化とその際吸収する熱（潜熱）との関係を示した．ほかの物質に比べて水は融解熱，比熱，気化熱も際立って大きい．比熱が大きいことは熱を蓄える力（熱容量）が大きいことを意味し，暖めにくいが冷めにくいという性質を示す．固体から液体へなどの相変化にはエネルギー（融解熱，気化熱）を必要とするが，これは同時に相変化の際にまわりから同量の熱を奪うことも意味する．たとえば，海岸地域で気温の変化をやわらげたり，散水時に気

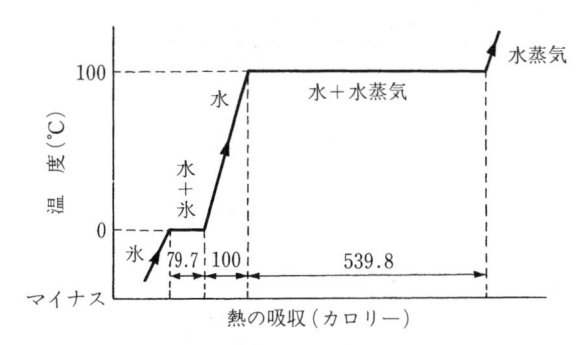

図2.1.2 氷から水蒸気への温度変化と熱の吸収
[山懸登：水と環境，大日本図書]

化熱によって周囲から熱を奪い，涼しくすることなどに役立っている．

一般に物質は冷却すれば体積は減るが，水に関して4〜0℃の間だけはこの関係が逆転する．すなわち，水は3.98℃のとき密度が最大になり，さらに冷却すれば体積は膨張する．この性質は成層による水質の停滞，氷が水に浮く現象，湖沼深部の不凍結などに関係している．

これら水特有の性質は，水惑星といわれる地球環境に基本的な要因として影響を与え，私たちの身近な生活から地球環境まですべての現象に関係している．

1.1.2 水の循環と利用

現在地球上にある水の総量は，13億8千6百万 km^3 と推定されている．この96.5%は海洋に存在し，淡水はわずか2.53%の3500万 km^3 で，この99%までが利用が困難か不可能な，北極と南極に存在する氷と永久雪および地下水である．比較的利用しやすい湖沼や貯水池，河川などの貯留水は，この残りの9万3千 km^3，淡水総量の0.27%にすぎない．このなかで最も使いやすいのが河川水であるが，世界の河川の総水量は2120 km^3，地球上の淡水総量の0.006%しかなく，人間活動の過程で繰り返し使用されて大きな水質的影響を受けている．

いくら水を使ってもなくならないのは，水の3態変化による水文学的循環のおかげである．地球全体の年降水量は1130 mm，量にすると57万7千 km^3 で，このうち陸地へは800 mm，11万9千 km^3 が降ると推定されている．降

表2.1.1 地球上の水の総量

場　所	存在量 (km³)
海洋	1.34×10^9
氷河および永久雪	2.41×10^7
地下水	2.34×10^7
湖沼	1.76×10^5
土壌水	1.65×10^4
大気	1.29×10^4
湿地	1.15×10^4
永久凍土	3.00×10^3
河川	2.12×10^3
生物体	1.12×10^3
計	1.386×10^9

　水は河川から海洋に流出して蒸発し，また降水となって地上へという循環を繰り返すが，この量は年降水量と同量とみなされる．河川の年流出量は46800 km³，貯流量は2120 km³なので，降水量の約39%が河川から流出し，河川水は年平均約22回入れ替わり，平均滞留時間は約16日と計算される．大気の水蒸気の滞留時間も約10日ときわめて速やかに入れ替わっており，降水はつねに新鮮で清浄な水である．一方，湖沼の滞留時間は大幅に長い17年で，水質的な影響を受けやすい．

　わが国の年降水量は，世界平均の2.2倍の1788 mm，総降水量は約670 km³と推定される．河川の年流出量は推定約530 km³なので，流出率は約80%と世界平均に比しきわめて高い．これは降水量が多く，蒸発によって失われる量が少ないというわが国の特性のためである．水利用については，利用総量は世界が3320 km³，日本が89.2 km³で，河川の年流出量の7.1%および16.8%を占める．日本は世界の2.37倍であり，アジアやヨーロッパ諸国でも同様にこの割合は高い．利用の内訳は，約2/3が農業のかんがい用で世界共通であり，ついで工業用が占めている．日本は都市（生活）用の割合が工業用とほぼ同じ17%と高く，しかもこの10年で1.23倍に伸びるなど増大が著しい．世界の利用総量は4千km³にも達し，今世紀末には5千km³に達するとの推定もある．

1.2 水質汚濁とその影響
1.2.1 水質汚濁と公害

水は，元来物質を溶かす性質が強いので，基本的にさまざまな元素を含んでいる．たとえば，河川水の水質成分の供給源として大気中の物質があり，雨滴の形成過程や降下中にちりやガスなどがまず取り込まれる．地上に達した降水は地下に浸透して土や岩石と接触しこれらの成分を溶解する．河川の流下過程では，温泉，鉱水，都市下水，産業排水などが流入する．これらは含有成分が多く，水質はこれらの流入負荷量に大きく影響される．

このように，水のなかにはさまざまな供給源からの各種の物質が含まれる．そこで一般的に，都市下水や産業排水などの人為的な原因によって河川，湖沼，海洋などの自然状態の水が水質的な変化を生じ，水の利用目的が阻害されたときこれを水質汚濁という．河川や湖沼の有機汚濁や有害重金属成分の増加，富栄養化などは代表的な水質汚濁現象である．

水質汚濁が問題化したのは，公衆衛生上の危険が生じるまで水質が損なわれる事件が日本各地で発生したためで，公害と密接に関係している．昭和42年に制定された公害対策基本法には，「公害とは，事業活動その他の人の活動に伴って生ずる相当範囲にわたる大気の汚染，水質の汚濁，土壌の汚染，騒音，振動，地盤の沈下及び悪臭によって人の健康または生活環境に係わる被害が生ずることをいう．」と定義され，水質汚濁は典型7公害の一つとなった．

公害という言葉は，19世紀イギリスの第一次産業革命のころ定着したニューサンス（nuisance）の概念や public nuisance の訳語から生まれたと考えられてきた．イギリスではニューサンスは軽罪程度で，わが国の概念とは異なる．わが国では明治29年制定の旧河川法で初めて公害という言葉が使われた．わが国の公害の概念は，人為的な原因で大気や水などを介して間接的に生じ，被害が一般公衆や地域社会に継続的に及び，有害な影響を与えるものとされている．

1.2.2 典型的な水質汚濁による公害

（1） 足尾銅山の鉱毒事件

　この事件は，明治以降の近代化以来，水質汚濁によって大規模な水稲，漁業被害が明らかになったわが国で初めての公害事件である．

　栃木県の足尾銅山は，明治に入り古河鉱業の経営に代わってから年間産銅量5千tを越える全国有数の銅山となった．しかし，精錬の煙による周囲の雑木の枯死，坑木の需要増による皆伐などの結果，降雨のたびに洪水が発生し，鉱石が流出して水質を悪化させ，漁業や下流の水田に大きな被害をもたらした．1890年の大洪水は鉱毒被害をだれの目にも鮮明にし，続く1896年の大洪水では被害は119000戸，517000人に及び，田畑十万町歩は25cmもの毒土で覆われたという．

　1890年，衆議院議員田中正造は初めて国会でこの事件をとりあげ，鉱毒調査委員会を設置させた．この調査で鉱毒予防命令が鉱山側に出されたが，活動停止などの厳しい措置は含まれず，被害はこの後も続き，ついには被害農民と警備の警官隊が衝突する川俣事件が発生するに及んだ．解決策として政府は，鉱山の休廃止ではなく，被害の中心地であった谷中村を全村買収する渡良瀬川の治水事業を決定し，1904年栃木県議会は農民の反対を押し切ってこの案を可決した．渡良瀬川改修工事計画も1909年から始まって今日に及び，現在ここは三つの調節池を含む面積33km^{2}の大遊水池として都市用水の供給や洪水調節機能を果たし，図2.1.3に示すようにいまでは都会の貴重なオアシス的存在となっている．

（2） 水俣病とイタイイタイ病

　水質汚濁により健康被害まで生じた例として水俣病とイタイイタイ病の発生がある．熊本県水俣市で昭和7年からアセトアルデヒドを生産していたチッソ株式会社は，生産工程から生成されたメチル水銀化合物を長期間にわたって不知火海に放出した．これが食物連鎖を通して魚介類に蓄積，生物濃縮され，これを長期間食した人に発生したのが水俣病である．はじめは伝染病説もあったが，疫学調査の結果患者が魚介類を主食とする漁民に限られること，沿岸のネコやカラスにも同様の症状で死亡する例があることなどから魚介類摂取による中毒症状と判明し，熊本大学医学部による原因物質解明の結果，アルキル水銀

図2.1.3 渡良瀬川の遊水池
(建設省利根川上流工事事務所提供)

系の有機水銀化合物との結論が昭和34年に出された．

　しかし，工場排水が原因であるという決定は，昭和43年になってようやく特定されるに至った．水俣病は脳の中枢神経が冒される疾患で，四肢の麻ひや言語障害となって表れ，胎児からこうした障害をもつ子供まで生まれた．昭和31年原因不明のまま患者の発生が報告され水俣病の発見が公にされたが，昭和28年から46年までに121人の患者が認定されそのうち47人が死亡している．認定患者については，チッソと国の基金によって患者の生活が支えられているが，未認定患者も多数存在し，これらの人々の補償については平成7年になってようやく国との和解が成立した．

　この間昭和39年には，新潟県阿賀野川流域で水俣病と全く同様の有機水銀中毒事件が発生した．これも昭和電工鹿瀬工場の排水中のメチル水銀によるもので，新潟水俣病と呼ばれている．昭和46年までに49人の患者が認定されそのうち6人が死亡している．この事件は，水俣病の発生原因の解明が早ければ避けられた可能性のある事件で，原因究明の迅速さの重要性を改めて明らかに

した．

　もう一つの代表的公害病が，富山県神通川流域で発生したイタイイタイ病である．これは更年期の女性に多発した疾病で，腰痛などから発してちょっとした体の動きだけでも骨折するなど，イタイイタイと泣き叫ぶところから命名された．疫学調査からは昭和初期から発生しており，昭和30年に地元の医師が学会に報告して公にされ，41年にカドミウムの摂取と栄養障害が原因との結論が出された．発生原因については，三井金属神岡鉱業所から排出されたカドミウムが飲料水や米を通して体内に蓄積されたことによると昭和43年に結論された．患者数は昭和46年までに122人を数え，うち28人が死亡している．

　このようにわが国では，昭和40年代までの間に水質汚濁による水稲被害や健康被害を世界的にも類をみないような規模で経験し，多くの被害者を出した．

1.2.3　有害化学物質による生物への影響

　1962年，レイチェル・カーソンは，合成化学工業の発展で大量に使用された農薬（殺虫剤）が土壌や地下水にしみ込み，生物にも影響を与えていることを『沈黙の春』で警告した．そして1996年，シーア・コルボーンらは野生生物間で個体数の減少，メス化や生殖機能の変調などの異常現象が出現し，将来人類にもその影響が及びかねないことを『奪われし未来』で指摘した．この問題の深刻さは，急性毒性や発ガン性が問題であった従来の公害問題の枠を越え，これらの化学物質がホルモン様物質として生物の生殖の仕組みに影響を与え，これを破壊して種としてのヒトの存続が危ぶまれるおそれさえあることである．

　内分泌攪乱化学物質（環境ホルモン）とは，人間が使用し環境に蓄積した合成化学物質のうち，動物の内分泌系を狂わせる物質をいう．生物がこれらを環境を通してごく微量でも発生初期や長期的に浴びると，内分泌系，免疫系，神経系にさまざまな形で異常を引き起こすことが近年になり判明してきた．

　内分泌系とは，生物がごく微量のホルモンを使って体の成長や調節を行う一連の仕組みで，化学物質が体内に入るとホルモンによる情報伝達を誤らせ，阻害して体の正常な機能を奪う．元来ホルモンは，体内の特定の器官でつくられる化学物質で，発生過程の制御にも関係する．細胞分裂時に各細胞の役割を決めるのが化学物質で，性を決定する生殖器系の分化は発生過程の初期にあり，

表 2.1.2　内分泌攪乱化学物質の一例

毒性確認の程度	物　質　名	おもな用途
内分泌学的に十分検討済み毒性が証明されているもの	アルキルフェノール フタル酸エステル ビスフェノールA PCB ジエチルスチルベストロール 2,4-ジクロロフェノキシ酢酸 クロルデン DDT とその代謝物など	界面活性剤など プラスチックの可塑剤 エポキシ樹脂 絶縁体など 合成女性ホルモンなど 除草剤 殺虫剤，シロアリ駆除剤 有機塩素系殺虫剤
同上，毒性を誘発するもの	有機スズなど	船底塗料
内分泌学的には検討不十分生殖毒性，発ガン性あり	ペンタクロロフェノール ブンゾピレンなど	除草剤や防腐剤 石油精製で生じる
文献で精子，前立腺形成不全を示したもの	カドミウム ダイオキシン類など	金属 ごみ焼却場などから発生
その他	マラチオン，パラチオン 鉛，水銀など	有機リン系殺虫剤 金属

[毎日新聞　98.4.14　東京，夕刊から作製]

性ホルモンが重要な役割を果たすといわれる．

　生体システムは，恒常性を維持する内分泌系，知覚や運動を司る神経系，防御装置としての免疫系とそれぞれ独立したシステムととらえられてきたが，密接に関係する類似のシステムであることが判明してきた．したがって，化学物質によって内分泌系が攪乱されれば，神経系や免疫系もその影響を免れず，たとえばアレルギーは免疫系の異常であり，脳神経系は男女の性差にも関係している．

　この影響は，①オス化，メス化，生殖異常，②発生，発育の異常，③免疫の異常，④行動の異常に分けられる．①はオスのコイの精巣の極小化，貝イボニシのメスのペニスや輸精管の発達，②は化学物質に暴露された両親から産まれた子の奇形や途中死など，③は近年のアザラシの大量死など，そして④は神経系の狂いで，親鳥が巣を見捨てたりする例が報告されている．

　内分泌攪乱化学物質は現在70種類ほどあげられているが，おもな使用例はDDT，除草剤，殺虫剤など殺生物剤，PCBなどの工業使用物質，樹脂や可塑剤としてのプラスチック，ダイオキシン類などの非意図的生成物質，避妊薬な

どの薬品そして植物性エストロゲンなどの天然物質の六つに分類される．これらを表2.1.2に示したが，プラスチックなど私たちの生活系で使用されている物質が多い．

1.3 水質汚濁の背景と防止対策
1.3.1 水質汚濁の背景
(1) 高度経済成長と汚濁負荷および汚濁因子の増大

戦後わが国では，生産性を高めるために重化学工業（鉄鋼，石油化学および精製，紙・パルプなど）を中心とする大規模コンビナートを臨海工業地帯に育成し，工業立国を図る政策がとられた．とくに昭和30年代後半からは，高度経済成長策にのって膨大な資本がこれら拠点地域に投下され，その結果わが国の経済は西ドイツとともに驚異的な発展を遂げた．1955年から90年までのわが国の経済的発展状況を，国民総生産（GNP），粗鋼生産高および自動車生産台数の伸びで図2.1.4に示した．これによると，1960年から10年間の工業生産の伸びがとくに著しいのがわかる．そして昭和45年（1970）には，GNPが初めて西ドイツを抜いてアメリカにつぐ2位に浮上し，経済大国としての地位を築いた．1人当たりGNPでも1986年にはアメリカを抜き，1993年には31450＄にも達し，80年代後半からは世界のトップクラスに位置するに至っている．

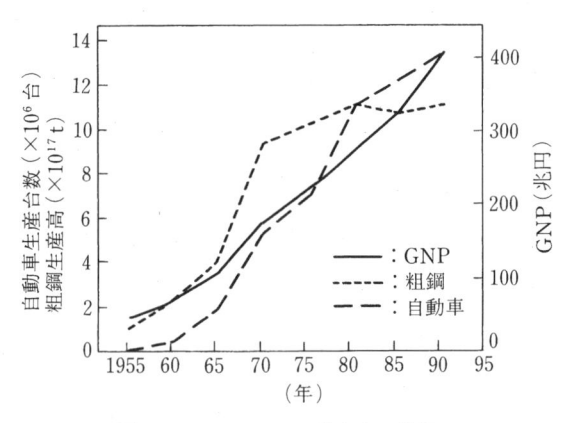

図2.1.4 わが国の工業生産の推移
[96/97 世界国勢図会，国勢社，1996]

このような経済発展は工業用水量の増加を招き，淡水量で1964年の4775万 m³ から 1971 年には 9525 万 m³ へと 7 年で倍増するほどで，排水量も当然増加することとなった．紙・パルプ，食品，化学などの産業はとくに水使用量の多い業種で，汚濁負荷量の増加も著しいものがあった．

経済成長は産業構造の高度化を促し，消費形態や製品の多様化をもたらした．たとえば石油精製からはプラスチックや塩化ビニルが生まれ，これらは数多くの製品に使用されてさまざまな形で消費されることとなった．この結果，汚染因子も増加するとともに多様化し，規制項目も大幅に増加することとなった．

（2） 高密度社会と都市化の進展

わが国は国土面積が狭いうえ急峻な山地が多く，住むのに適した可住地面積の割合は総面積の約1/3にとどまっている．そこに，現在1億2千万もの人が住む高密度国家で，西欧先進諸国と比べてもかなり高い．たとえば西欧諸国中最大の人口密度をもつオランダよりもやや低いが，山の全くないオランダと比べると実質的にはこの3倍，すなわち約千人近い人口密度をわが国はもっている．

表 2.1.3 世界の人口と経済指標

国名	面積 ($\times 10^3 km^2$) 1993	人口 ($\times 10^3$人) 1993	人口密度 (人/km²) 1993	GNP ($/人) 1993	エネルギー消費量 (kg/人) 1992	自動車台数 (台/100人) 1992	自動車台数 (台/km²) 1992
日本	378	124536	330	31450	3586	49.6	163
韓国	99	44056	444	7670	2569	12.0	52.8
オランダ	41	15287	374	20710	4560	41.5	154
フランス	553	57660	105	22360	4034	46.8	48.6
ドイツ	357	81187	227	23560	4358	49.9	113
アメリカ	9364	258233	28	24750	7662	73.4	22.1

［総務庁統計局編：第43回日本統計年鑑，日本統計協会］

経済活動が進展するとその地域の人口が増え，ますます集中する傾向がある．わが国の都市化の進展状況を表2.1.4に示したが，人口集中地区，市ともに高度成長に沿ってとくに昭和45年ごろまで急激に人口が集中し，近年では全人口の80%近くが市域に住む．すなわち，都市部はより過密に，山村地域は過疎という現象が顕著に表れている．これは工業活動の遍在という形でも顕著で，

表2.1.4 わが国の都市化の進展

年	人口集中地区人口の割合(%)	市の人口の割合(%)
1955	—	56.3
1960	43.7	63.5
1965	48.1	68.1
1970	53.5	72.2
1975	57.0	75.9
1980	59.7	76.2
1985	60.6	76.7
1990	63.2	77.4

製造品出荷額の地域分布をみると，関東，東海および近畿の3地域だけで全国の約70％を占めている．これら工業活動の地域的遍在は，その地域での排出負荷の許容量以上の増大を招き，水質汚濁など公害の発生を容易にさせた．

（3） 社会資本整備の遅れ

わが国は戦後高度経済成長を果たしたが，反面，国民生活に密接に関連した社会資本の整備，蓄積が遅れ，公害を発生しやすくした面もある．各国の社会資本整備の水準をみると，鉄道，高速道路，下水道，公園など身のまわりの生活に関連した施設の整備にわが国はまだ大きな遅れがみられる．これは，国の投資が産業基盤の整備に向けられ，生活環境の整備が後回しにされた結果である．

表2.1.5に各国の居住環境指標を示したが，近年になり徐々に向上し，医療水準などは世界的レベルに達した．表2.1.3には，1人当たりGNP，一次エネルギー消費量および自動車保有台数を示したが，収入や冷暖房，車の利用，

表2.1.5 主要国の社会指標

国 名	人口千人当たり医師数	水洗トイレ普及率(%)	1住宅当たり部屋数	平均寿命(歳)
日本	1.64	65.8	4.9	79
韓国	0.73	18.4	4.1	71
オランダ	2.43	—	5.0	77
フランス	2.89	85.0	3.7	77
ドイツ	2.73	97.1	4.4	76
アメリカ	2.38	97.6	5.1	77

医療水準などについては国民1人当たりでみれば先進諸国とほぼ同じ生活レベルに達した．しかし，面積当たりでみれば格差は依然として残り，たとえば自動車保有台数はオランダとほぼ等しいが，可住地面積で比べればオランダとは約3倍，イギリスやドイツとは4倍以上の格差がある．首都の公園面積も大きな隔たりがあるなど，空間的な過密がわが国の宿命である．

1.3.2 水質汚濁の防止対策
（1） 法体系と環境基準

昭和33年「公共用水域の水質の保全に関する法律」と「工場排水等の規制に関する法律」が生まれた．この法律は，水質汚濁問題が発生しそうな水域を指定し，排水基準（水質基準）を定めて遵守させるものである．しかし欠点も多く，発生責任の明確化や予防措置を実施する法律を制定する必要性が高まり，昭和42年公害対策基本法が制定された．これをもとに人の健康を保護し，生活環境を保全するうえで維持することが望ましい基準として環境基準が初めて設定された．このなかには，生活環境項目としてBODなど7項目，健康項目としてCdなど8項目が含まれる．昭和45年には水質汚濁防止法が成立し，全公共用水域を対象として一律の排水基準を定め，罰則規定をもち，上乗せ基準を都道府県が制定でき，水質監視体制を強化するなど画期的なものであった．

しかし，その後も多種多様な化学物質の生産および使用が続き，とくに飲料水に伴う慢性毒性の危険性が高まった．世界保健機構やアメリカでも飲料水の水質基準の見直しが行われ，対象項目が大幅に拡大された．わが国でも平成5年，健康項目に関して有機塩素系化合物9項目，農薬系4項目，その他2項目，計15項目が追加され，その後更に3項目追加され合計26項目の新しい環境基準が決定された．このほか新たに農薬など計25項目も要監視項目として付加された．

公共用水域の汚濁防止を図るには，下水道の整備や生活雑排水対策の推進などを進める必要もある．下水道に関しては整備5か年計画が進められ，中小市町村に重点をおいて普及率63%のさらなる向上をめざしている．また，生活排水による汚濁が無視できない地域では，実状に応じてコミュニテイプラント，農業集落排水施設，合併処理浄化槽など各種処理施設の整備も進められている．

表 2.1.6 人の健康の保護に関する環境基準

	項　目	基準値		項　目	基準値
1	カドミウム	0.01 mg/l 以下	14	1,1,1-トリクロロエタン	1 mg/l 以下
2	全シアン	検出されないこと	15	1,1,2-トリクロロエタン	0.006 mg/l 以下
3	鉛	0.01 mg/l 以下	16	トリクロロエチレン	0.03 mg/l 以下
4	六価クロム	0.05 mg/l 以下	17	テトラクロロエチレン	0.01 mg/l 以下
5	ヒ素	0.01 mg/l 以下	18	1,3-ジクロロプロペン	0.002 mg/l 以下
6	総水銀	0.0005 mg/l 以下	19	チウラム	0.006 mg/l 以下
7	アルキル水銀	検出されないこと	20	シマジン	0.003 mg/l 以下
8	PCB	検出されないこと	21	チオベンカルブ	0.02 mg/l 以下
9	ジクロロメタン	0.02 mg/l 以下	22	ベンゼン	0.01 mg/l 以下
10	四塩化炭素	0.002 mg/l 以下	23	セレン	0.01 mg/l 以下
11	1,2-ジクロロエタン	0.004 mg/l 以下	24	硝酸性窒素および亜硝酸性窒素	10 mg/l 以下
12	1,1-ジクロロエチレン	0.02 mg/l 以下	25	フッ素	0.8 mg/l 以下
13	シス-1,2-ジクロロエチレン	0.04 mg/l 以下	26	ホウ素	1 mg/l 以下

注）　基準値は年間平均値とするが2は最高値とする．また海域については25, 26は適用しない．

（2）　富栄養化と総量規制

　内湾，湖沼などの水の滞留時間の大きい閉鎖性水域では，ほかとは異なる対策が必要とされ，その一つが昭和53年の水質汚濁防止法の改正で取り入れられた水質総量規制である．総量規制は，流入する汚濁負荷量の総量を削減することによって水質環境基準を達成しようとする目的で制度化され，これまでに東京湾，伊勢湾および瀬戸内海の3海域についてCODを指定項目として実施されている．これは，発生源（産業系，生活系，その他）別に削減目標量を定め，達成のための諸対策を総合的に推進するものである．

　もう一つの対策が昭和59年に制定された湖沼水質保全特別措置法である．これは，とくに湖沼の水質保全を図るため，湖沼を指定して水質保全計画を策定し，諸対策を総合的・計画的に推進することによって水質環境基準を確保しようとするものである．これまでに霞ヶ浦をはじめ9湖沼が指定されている．富栄養化対策については，窒素とリンに関する環境基準が湖沼に関して昭和57年に制定され，一般排水基準も昭和60年から実施されている．

1.3.3　水質汚濁の発生源

　発生源としては鉱業，農林畜産業，工業および都市があげられる．まず鉱業活動は，鉱山の開発による自然形態の変化と廃棄物による影響との二つの面が

表 2.1.7　金属鉱山，精練所の坑内廃水水質の例（mg/l）

産出鉱種	鉱山名	pH	Cu	Zn	全 Fe	全 SO_3	懸濁物
銅	A	1.8	66.8	—	775	6017	245
	B	3.4	36.9	101.1	114	1364	Tr
	C	2.7	40.0	42.0	1910	5328	134
硫黄	D	1.7	—	—	549	2.6	24
精練所	E	4.4	10.2	1083	17.6	2181	24

［水利学大系7　水質汚濁と廃水処理，知人書館，1973，より作製］

あり，重金属を豊富に含む強酸性排水の湧出と"ずり"として知られる廃棄物の流出が下流水域に影響を与える。農林業は，過剰に散布される化学肥料や農薬が問題で，とくに農薬の健康影響や生態系への影響の考慮が必要である。畜産業の特徴はし尿などの負荷量がきわめて大きいことで，とくに窒素の影響が大きい。

工業排水の成分は製品の種類によって千差万別であり，その質と量を把握することは容易ではない。近年のエレクトロニクスなどのハイテク産業は，トリクロロエチレンなどによる地下水汚染を引き起こし，生物難分解性物質，多種多様なレアメタルの使用などによる新たな問題を発生させる危険性ももっている。

最後に都市は，水やさまざまな物質，エネルギーなどを代謝し，その過程で排水，廃熱，ゴミなど各種の廃棄物を出している。水系では下水がおもな汚濁源で，このなかには有機物（BOD），窒素，リンが含まれ，下水道の整備や三次処理の速やかな普及が求められている。これらの発生源からの汚濁負荷量の把握には基本的に原単位が用いられおり，いくつかの例をまとめて表 2.1.8 に

表 2.1.8　各種原単位の例

水質項目	人 (g/人・日)			家畜 (g/頭・日)		自然 (kg/km²・日)
	尿尿	雑排水	計	ウシ	ブタ	山林・原野
BOD	18	39	57	640	200	0.5〜1.0
COD	10	18	28	530	130	5.0
SS	20	23	43	3000	770	
TN	9	3	12	378	40	2.0
TP	0.9	0.3	1.2	56	25	0.038

［流総指針による］

示した.

1.4 水質汚濁の機構
1.4.1 水質変化の基本式

水域の水質変化は,希釈,拡散,沈殿などの物理的作用と,有機物の分解などの生物学的作用が組み合わされて働き,行われている.流水中の任意の点における水質変化は,一般的に以下の物質保存式で表すことができる.

$$\frac{\partial C}{\partial t} = \left\{ \frac{\partial}{\partial x}\left(D_x\frac{\partial C}{\partial x}\right) + \frac{\partial}{\partial y}\left(D_y\frac{\partial C}{\partial y}\right) + \frac{\partial}{\partial z}\left(D_z\frac{\partial C}{\partial z}\right) \right\}$$
$$- \left(u\frac{\partial C}{\partial x} + v\frac{\partial C}{\partial y} + w\frac{\partial C}{\partial z} \right) - kC \qquad (2.1.1)$$

ここに,C:水質濃度,x,y,z:座標軸方向,D_x,D_y,D_z:各方向の拡散係数,u,v,w:各方向の流速,k:物質の減衰係数.

この式は,水中の微少六面体内の物質収支から導かれ,単位時間に蓄積する量は,濃度勾配によって流入する量(拡散項)と水流により移送される量(移流項)および生物学的作用で減衰する量(減衰項)の和になる.

(1) 一次元拡散

一定の幅をもつ長い水槽に水が静置されているとき,水槽の中央に物質が量Mだけ投入され,その物質が帯状に拡散される状態を考える.これが,移流も減衰もない,拡散のみの一番基本的な一次元拡散の例で,下の式で与えられる.

$$\frac{\partial C}{\partial t} = D_x\frac{\partial^2 C}{\partial x^2} \qquad (2.1.2)$$

境界条件は,濃度$C(x, t)$および投入総量Mが次の条件を満足することである.すなわち,

$$C(0, 0) = \infty, \quad C(x, \infty) = 0, \quad M = d\int C(x, t)dt$$

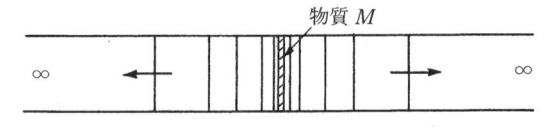

図2.1.5 一次元拡散

ここに，d：水深である．

変数分離法で解くと，任意の場所，地点の濃度 $C(x, t)$ は次式となる．

$$C(x, t) = \frac{M}{2d\sqrt{\pi D_x t}} \exp\left(-\frac{x^2}{4D_x t}\right) \tag{2.1.3}$$

（2）二次元拡散

x 方向と y 方向に拡散することが想定される河口部や湖沼，浅い内湾などの水域では，物質の減衰は二次元拡散の対象となり，次式で与えられる．

$$\frac{\partial C}{\partial t} = D_x \frac{\partial^2 C}{\partial x^2} + D_y \frac{\partial^2 C}{\partial y^2} \tag{2.1.4}$$

同様に変数分離法で解くと，濃度 $C(x, y, t)$ は次の式で与えられる．

$$C(x, y, t) = \frac{M}{4\pi dt \sqrt{D_x D_y}} \exp\left[-\frac{1}{4t}\left(\frac{x^2}{D_x} + \frac{y^2}{D_y}\right)\right] \tag{2.1.5}$$

湖沼などでは，x，y 方向の拡散係数が等しい場合も多々ある．この場合には，物質は，放流点からの距離 $r(r^2 = x^2 + y^2)$ とともに同心円状に周囲に拡散していき，これを水平拡散という．式 (2.1.4) に x，y 両方向の流速と生物学的分解が加わった場合の解は次式で与えられる．

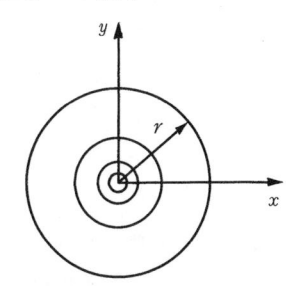

図 2.1.6　二次元水平拡散

$$C(x, y, t) = \frac{M}{4\pi dt \sqrt{D_x D_y}} \exp\left[-\frac{1}{4t}\left\{\frac{(x-ut)^2}{D_x} + \frac{(y-vt)^2}{D_y}\right\} - kt\right] \tag{2.1.6}$$

これらは，水域に物質が瞬間的に投入された場合の物質の減衰を表している．

1.4.2　自浄作用

河川などの流水に汚濁物質が放流されると，直ちに水中で希釈，拡散し，溶解性物質や一部の軽い浮遊物質は下流に流れ，重い浮遊物質は沈殿して河床に堆積する．汚濁物質が有機物であれば，これを栄養源とする微生物が水中および河床で水中の酸素を消費しながら有機物を好気的に無機物（無機塩や二酸化炭素など）に分解し増殖する．酸素が利用できる間はこの分解は続き，有機物

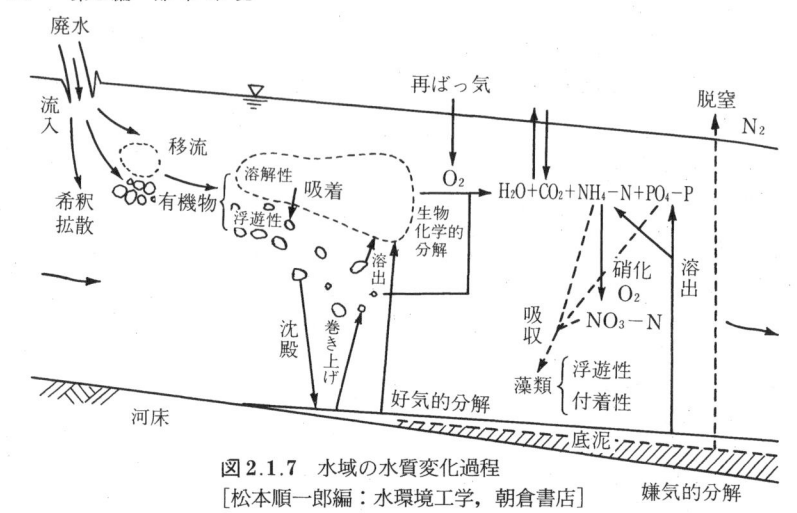

図 2.1.7　水域の水質変化過程
[松本順一郎編：水環境工学，朝倉書店]

がなくなると微生物は増殖できずに自己酸化や死滅によって減少する．分解により生じた硝酸塩などの無機分は，水中の藻類などの栄養素として摂取されて増殖に使われ，藻類は魚類の餌としても食される．有機物が多すぎると水中の酸素が消費されつくして好気的から嫌気的環境に変わる．この状態では嫌気性微生物が有機物を分解し，最終的にメタンや硫化水素などのガスが生産される．

このように，汚濁物質が物理，化学および生物学的な働きで清浄になることを自然浄化作用（自浄作用，self purification process）と呼ぶ．移流や沈殿などの物理的な働きで，汚濁物質のその場所での濃度が減少することを見かけの自浄作用ともいい，生物化学的分解を受けて汚濁物質の濃度だけでなく絶対量が減少することを真の自浄作用ともいう．わが国の河川のように，降雨出水のたびに河床の汚濁沈殿物質を掃流する急流河川では，この掃流による見かけの自浄作用も大きい．しかし，これらは最終的に湖沼や海域に流入して水域を汚濁するので，重要なのは生物化学的分解によって絶対量が減少する真の自浄作用である．これには，微生物の物質代謝，酸化分解および物質循環の三つの機構が深く関係している．

（1）微生物の物質代謝と酸化分解

自然界の微生物は，栄養源として有機物を摂取するものと，無機物を炭素源とするものに分けられ，前者を従属栄養型，後者を独立栄養型の微生物という．

従属栄養微生物は，摂取した有機物の一部を呼吸の基質とし，外部の酸素を利用しながら異化作用（酸化など）によって最終産物まで分解する．同時に，この際生じるエネルギーを利用し，有機物の一部を同化して自己の体の構成物とし増殖する．供給される有機物量が多ければ，同化によって増殖した分も新たに有機物を異化，同化する側にまわって増殖を繰り返すが，一定の供給量であれば有機物量と微生物量の間には平衡関係が成立し，安定する．有機物が減少すると，微生物は体内に蓄積していた物質や体の一部を呼吸の基質として利用し，自己酸化（内生呼吸）により死滅，無機化される．微生物は，環境に適合した生態系をもち，その系が高次であるほど食物連鎖などを通して有機物を摂取，回転する速度が早くなり，分解も早く進む．

微生物による　　　異化（呼吸）：二酸化炭素，水，＋エネルギー
有機物の摂取　　　　　　　　　　無機塩など　　　　　　↓
　　　　　　　　　　同化（増殖）：細胞物質の合成（新たな有機物）

　この酸化反応を，水中の遊離酸素を利用しながら行うのが好気性微生物であり，自然の水系では大気中の酸素が水に十分に溶解しているので，好気的反応がおもに行われる．好気性反応の最終産物は，水（H_2O），二酸化炭素（CO_2），硝酸塩（NO_3），硫酸塩（SO_4）などの安定した無機物である．

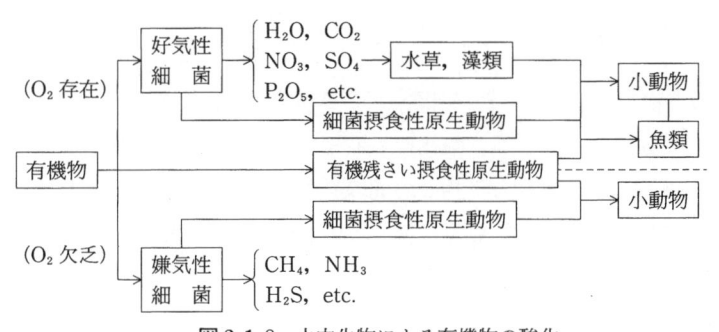

図 2.1.8　水中生物による有機物の酸化

　しかし，供給される有機物が多すぎたり，沈殿堆積した湖沼の底泥のなかなどでは，遊離酸素が消費されつくして無酸素あるいは嫌気状態となりやすい．この状態では，嫌気性微生物が無機塩や有機物中の結合酸素を利用して有機物の分解を行う．この微生物は，絶対嫌気性微生物と通性嫌気性微生物とに分け

られる．この反応の最終産物は，メタン（CH_4），アンモニア（NH_3），硫化水素（H_2S）などの可燃, 有害ガスで, 好気性反応と比べて時間を要し, 酸素がないので魚が生存できないこと, 悪臭もするなど好ましい状態とはいえない.

（2）物質の循環

　生物の体は，水素，炭素，窒素，硫黄，リン，酸素などさまざまな元素から構成されている．これらは，生物が生育している大気，水，土などの環境から，物質代謝や食物連鎖を通して選択的に取り入れられたもので，最終的にはまた無機物として環境に戻されていく．この過程は，生産者，消費者，分解者という地球の生態系を構成する循環の一過程であり，消費者である動物は，その死体や排泄物を分解者たる微生物の働きで無機化され，これは生産者である植物のなかに再び取り込まれる．この過程で各元素も循環を繰り返しており，具体的な炭素や窒素の循環については，第1編の生態系のなかでも触れた．

1.4.3　質量移動と反応速度

　生物化学的自浄作用を工学的に取り扱うための二つの基本的概念は，質量移動現象と反応速度論である．質量移動は，一つの相から他の相への物質の交換を伴う拡散現象であり，交換の速度は遷移力によって決まり次のようになる．

$$\frac{dq}{dt} = \frac{F}{R}$$

ここに, q：物質の移動量, t：時間, F：遷移力, R：抵抗.

　一例としてエアレーション，気相から液相への酸素の移動現象を考えると，このときの遷移力は，気相と液相との間の界面の酸素濃度の差であり，抵抗力もまたこの界面に存在し，移動量は境界面の面積や温度，粘性，表面張力などの水の物理化学的性質にも影響される．

　反応速度論は，物質が生物化学的に反応するときの速度を定義するもので，一般に次の方程式で表される．

$$\frac{dc}{dt} = k \cdot F(c)$$

ここに, c：反応成分の濃度, $F(c)$：反応物質の濃度の関数（$=C^n$）, t：時間, k：反応速度係数（温度と物質の性質で決まる係数）.

$n=0$ であれば,反応速度は物質の濃度には無関係に一定の速度で進行し,0 次反応といわれる.$n=1$ であれば,物質の濃度に正比例して反応が進行し,これは一次反応である.自浄作用などの反応は 0 次か一次の反応形式が多く,一般に有機物の生物化学的分解は,濃度が低いとき次の一次反応式で表される.

$$\frac{dL}{dt} = -K_1 \cdot L \tag{2.1.7}$$

ここに,L:有機物濃度（BOD）,K_1:反応速度係数（脱酸素係数）.

これを積分すると

$$\log_e\left(\frac{L_t}{L_0}\right) = K_1 t \tag{2.1.8}$$

ここに,L_0:有機物質の初期濃度,L_t:時間 t 後の有機物質濃度.

時間 t の間に消費された有機物量を y とすると,次のようになる.

$$y = L_0 - L_t = L_0(1 - e^{-K_1 t}) \tag{2.1.9}$$

この反応に対する温度の影響は,温度 T °C のときの速度係数を K_T とすると

$$K_T = K_{20} \cdot \theta^{T-20} \tag{2.1.10}$$

で表される.$\theta = 1.047$ で,θ を温度係数と呼ぶ.

1.5 汚濁現象の解析
1.5.1 ストリター・フェルプスの式

河川に有機物質が流入すると,有機物は溶存酸素を消費しながら分解され,減少する.有機物の分解には必ず酸素の消費を伴うので,反応速度係数 K_1 を脱酸素係数とも呼び,式 (2.1.7) は酸素不足量 D を用いても表される.

$$\frac{dD}{dt} = K_1 L \tag{2.1.11}$$

また,酸素が消費されて飽和値との間に濃度差が生じると,その遷移力により大気中の酸素が水中に溶解してくる.この現象を再ばっ気（re-aeration）という.水中の酸素濃度を O,その飽和値を O_s,再ばっ気係数を K_2 とすると,再ばっ気現象も次の一次反応式で表され,D を使うと式 (2.1.13) となる.

$$\frac{dO}{dt} = K_2(O_s - O) \tag{2.1.12}$$

$$\frac{dD}{dt} = -K_2 D \tag{2.1.13}$$

結局，河川の溶存酸素は，有機物の分解による消費と再ばっ気による溶解の二つの作用が同時に生じている結果を表しており，次のように書くことができる．

$$\frac{dD}{dt} = K_1 L - K_2 D \tag{2.1.14}$$

この式をStreeter-Phelpsの式といい，模式的に図2.1.9に示した．この曲線を溶存酸素垂下曲線（oxygen sag curve）といい，以下のように求められる．

$$D = \frac{K_1 L_0}{K_2 - K_1}(e^{-K_1 t} - e^{-K_2 t}) + D_0 e^{-K_2 t} \tag{2.1.15}$$

ここに，D_0：$t=0$における酸素飽和不足量．

平衡点における最大酸素不足量 D_c とその時間 t_c は，次のように求められる．

$$D_c = \left(\frac{K_1}{K_2}\right) L_0 \exp(-K_1 t_c) \tag{2.1.16}$$

$$t_c = \frac{1}{K_2 - K_1} \ln \frac{K_2}{K_1}\left[1 - D_0 \frac{K_2 - K_1}{K_1 L_0}\right] \tag{2.1.17}$$

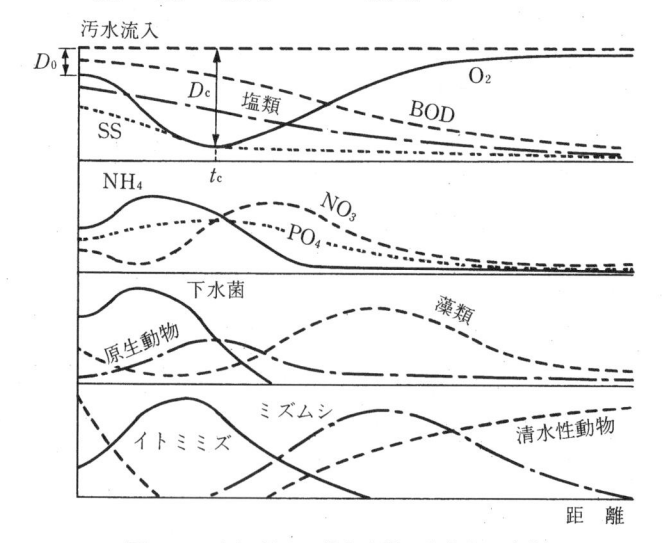

図2.1.9 汚れ流入に伴う水質と生物相の変化

以上の式を用いることにより，環境基準や自浄作用を考慮した場合の，排出することが許される有機物質量を求めることができる．しかし，有機物量が多すぎると，この平衡点で，溶存酸素が生物の生存できる限界値以下となって，魚などの生存が脅かされる．この限界値は一般に 4 mg/l 以上といわれ，20°C の溶存酸素の飽和値が約 9 mg/l であることを考えると消費可能な量は小さい．

1.5.2 脱酸素係数と再ばっ気係数

脱酸素係数は，BOD 試験から求めることができるが，実際の河川では，上流と下流の 2 地点間の流下時間と BOD の濃度差または有機物量の差から求められる．このときは K_1 の代わりに K_d を用いて次のようになる．

$$L_t = L_0 \exp(-K_d t) \tag{2.1.18}$$

ここに，L_0：上流の有機物量，L_t：下流の有機物量，t：流下時間（日），K_d：実河川の BOD 除去係数 (1/日)．

K_d は，有機物の除去に関連した作用をすべて含んだ係数であり，一般に K_1 よりも大きい．このとき，式 (2.1.16) などには K_1 の代わりに K_d を用いればよい．

再ばっ気係数については，河川の水深，流速，勾配，径深や水の乱れなどが影響するといわれ，昔から O'Conner と Dobbins の実験式が使われている．

水深 $H \leqq 1.5$ m の場合（非等方性乱流）

$$K_2 = 2.41 \times 10^5 \frac{D_m^{1/2} S^{1/4}}{H^{5/4}} \tag{2.1.19}$$

水深 $H > 1.5$ m の場合（等方性乱流）

$$K_2 = 8.61 \times 10^4 \frac{(D_m U)^{1/2}}{H^{3/2}} \tag{2.1.20}$$

ここに，D_m：酸素の分子拡散係数，U：平均流速，H：平均水深，S：河床勾配，K_2 (1/日)，単位は m，sec．

1.5.3 生物学的水質階級

有機性排水が河川に流入したときの水質や生物相の変化について，Hynes は，溶存酸素や窒素の変化とともに，バクテリアと微少動植物，大型動物の変

化が流下過程とともにどのように現れるかを模式的に図2.1.9のように示した．バクテリアやミズワタは，最初著しく増加するが，有機物の分解とともに減少し，逆に藻類は，はじめは少ないが有機物の分解による栄養塩類の増加とともに増え，これが減ると減少する．イトミミズ，ユスリカ，ミズムシなどの大型動物のなかで汚濁に強いものははじめに増え，水質が徐々に回復するにつれ，カゲロウ，カワゲラ，トビケラなどの清水性の無脊椎動物が出現し，数も種類も増加してくる．

このように，水の汚濁の程度は水中の生物の種類やその数を把握することによっても求められる．これは，形成される生態系が水の汚れの程度の影響を受け，水質によって出現する生物の種類や数が異なることを利用した方法で，生物学的水質判定と呼び，化学的判定が瞬間的な値を示すのに対し，1回の測定で過去の一定期間の平均的な汚濁の程度を判定することができる．これは強腐水性，α中腐水性，β中腐水性および貧腐水性水域の4階級に区分して用いられ，特徴を表2.1.9にまとめて示した．生物学的水質判定は数値化しにくい欠点もあり，化学分析とともに総合して水質評価を行うことが重要である．

表2.1.9 汚水生物系列の各階級の特徴

項 目	強腐水性水域	α中腐水性水域	β中腐水性水域	貧腐水性水域
化学過程	還元と分解による腐敗	酸化過程が出現	酸化過程がさらに進む	酸化や無機化が完成
DO	わずかまたはゼロ	かなりあり	かなり多い	多い
BOD	すこぶる高い	高い	かなり低い	低い
H_2S	認められる	強い臭いはない	ない	ない
バクテリア	100万/ml 以上	10万/ml 以下	10万/ml 以下	100/ml 以下
植物	珪藻，緑藻，接合藻，高等植物の出現なし	藻類の大量発生 珪藻，緑藻，接合藻	珪藻，緑藻，接合藻の多くが出現	藻類は少ない
動物	ミクロなものが主 原生動物が優勢	ミクロなものが多数	多種多様になる	多種多様
水域の例	都市の下水溝	散水ろ床の中層以下	琵琶湖の南湖盆	琵琶湖の北湖盆

[手塚泰彦：河川の汚染，築地書館，より作製]

1.5.4 富栄養化と生態学的モデル

有機性排水は微生物によって分解，浄化されるが，このとき元素の構成比率はどう変化するであろうか．一例として，独立栄養細菌による藻類の合成とその逆の分解による酸素の消費は一般に次の関係式で表される．

$$106\,CO_2 + 16\,NO_3^- + HPO_4^{2-} + 122\,H_2O + 18\,H^+$$

$$\xrightarrow{\text{微量元素, 光, エネルギー}} C_{106}H_{263}O_{110}N_{16}P_1 + 138\,O_2 \qquad (2.1.21)$$

　バクテリアを構成する元素の比率は，おおよそ $C_{106}H_{180}O_{45}N_{16}P_1$ で，C対N対Pの比率は 106：16：1 である．排水の構成比率がこれと同じであれば全成分が同等に分解されるが，一般に家庭下水やその処理水にはこの比率以上の窒素とリンが含まれており，それらは過剰分として残される．

　式 (2.1.21) の化学量論的関係から，窒素とリン各 1 mg につきそれぞれ 16 および 114 mg の藻類が生産され，これが分解するときにはそれぞれ 20 および 142 mg の酸素が要求される．すなわち，これは TOD または BOD で 20 および 142 mg に相当する．つまり，これらはアンモニア性窒素や硝酸性窒素，オルトリン酸態リンなどの形で藻類の構成成分として増殖に使われ，その結果，窒素かリンのどちらかがなくなるまで藻類が繁殖し，水は再び汚濁される．これが典型的な富栄養化現象で，藻類（クロロフィル a），窒素およびリン濃度がその指標であり，吉村によれば湖沼の富栄養化基準は窒素 0.15，リン 0.02 mg/l 以上である．

　したがって，汚濁の進んだ水域では，BOD や DO だけでなくこれらの指標を用いた解析を行う必要がある．このためには水域の生態学的構成を考慮し，物質循環や物質代謝をもとに藻類の増殖とそれに関係する水温，日射，栄養塩濃度などの因子との相互関係を，物理的，化学的および生物学的変化過程に着目して生態学的にモデル化し，機構の解明や将来予測を考えなければならない．

1.6　水環境の再生と創造

1.6.1　親　水

　清浄な水が豊富に流れているとき，人は水域を快適と感じる．すなわち，水の量と質の双方が快適さには必要である．高度経済成長時代の極端な水質汚濁から一応脱した今日，都市開発の中心が，ウォータフロントなどの都市の水域，水際に接近している．これは水を媒介として市民の交流が復活するような町づくりが，親水という言葉をキーワードとして始められていることを意味する．

　古来，河川は，流域の上流から下流まで，人や物資の交流を支える手段とし

てつねにその中心にあり町の繁栄をも支えてきた．その反面，洪水による氾濫をもたびたびもたらし，恐れられもしてきた．すなわち，当時の人と水とのかかわりは，治水と利水を通して活発に行われていた．しかし，舟運による人や物資の輸送が鉄道やトラックに変わるにつれ，人と水とのかかわりは薄れ，水を媒介とした人の交流も衰え，水は汚れるままに放置されて汚濁が進行し，町は上流よりもほかの流域の町との関係をとくに経済面から深めるようになった．上流では過疎に喘ぎ，水源保全林は荒れるままとなり，下流の大都市へも洪水，水量の不安定，水不足という面から影響を与えるようになった．これを解決するためにまず水質保全が叫ばれ，極端な悪化は改善されて一応の解決をみた今日，親水が市民の心をとらえ，町づくりのかなめとして重要な地位を与えられようになった．

それには昔のような上流から下流までの水系一貫した水とのかかわりを復活させ，市民の結びつきをもとに戻すような努力を行うことが求められている．

1.6.2 これからの治水

近年，沿岸漁民が山に登り植林する運動を行っていることが報じられている．これは，水源林が荒れて降水が地下に浸透しにくくなり，土砂が流出したり土壌からの無機成分の溶脱が減ったりして，海域のプランクトン類が減少し，魚の成長に影響を与えると認識されたことによっている．

荒れ河で名高いわが国の河川の治水は，降水を河道に集め，高い堤防を築いて速やかに海まで排出する方式が優先されてきた．この方式は，高い堤防で堤内地を守る方法であるが，確保された広い河道空間に市民が近寄りにくい難点があった．その後，水源林の維持管理の低下や流域の都市化が進むにつれ，この方式ではますます増え続けるピーク流出量を河道内に納めることが困難になり，古来の工法である遊水池方式の有効性が見直されつつある．すなわち，水をいったん蓄え，時間差を利用して徐々に放出する方法である．

都市域でピーク流出を抑え，蓄える方法の一つが，透水性の材料，器具による降水の地下浸透であり，貯留施設の建設である．前者は，透水性舗装，浸透ます，浸透トレンチあるいは浸透井戸などの浸透型施設を増やして降水をなるべく地下に逃がす方法で，雨水流出抑制型下水道として知られる．後者は，広

場，公園，校庭などの公共施設に貯留施設をつくったり，下水道雨水管や多目的遊水池などへ貯留して降水を一時的に蓄える方法である．いずれもピーク流出量を抑えると同時に，時間をかけて放出することにより，水資源としての有効利用を図り，渇水時の河川の流量を確保するものである．

　水源保全林の確保や流出抑制施設の建設は，流域全体で広く対応して初めて効果を発揮するものであり，自然のメカニズムに近い方式である．現在，従来の方式への反省からこのようなきめ細かな流域対策が治水に求められている．

1.6.3　エコロジカルな水質保全

　自然の水域で，自浄作用が活発に行われているのは，流速の早い河道部分よりも流速が低下し浮遊物が沈殿しやすくなる河口，沿岸部であろう．ここでは，堆積した有機物の微生物による好気的分解と嫌気的分解が，表層と下層で同時に進行している．また沿岸域では，ヨシやアシなどの水生植物が繁茂して栄養分を吸収し浄化している．この植物の根の近くは，微生物，後生動物，昆虫類，魚類などの格好の生息場でもあり，これらが独自の生態系を構成して，食物連鎖を通しての栄養塩の摂取，浄化に役立っている．すなわち，微生物が高度に集積できる場が浄化には必要なのである．

　これが自律的な均衡を崩すことのない自然の生態システムであり，生活系から出される排水を直接水域に出すのではなく，生態システムを形成できる場を与え，これを利用して汚濁負荷を軽減して排出するシステムに変えれば，水質

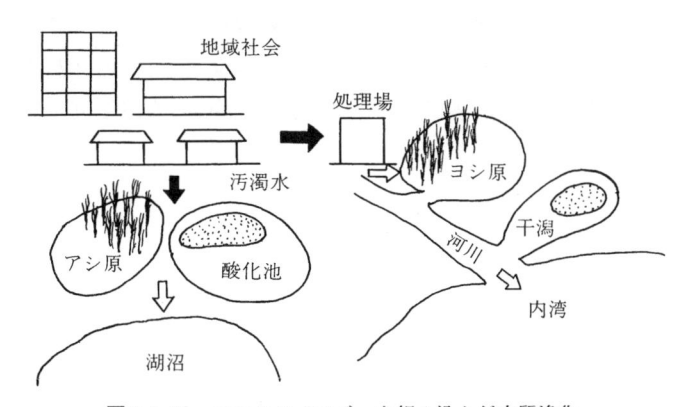

図2.1.10　エコテクノロジーを組み込んだ水質浄化

汚濁を軽減させることができる．これが生態システムを利用する方法で，とくに土壌（底質）の自浄作用や植物を活用することがポイントである．これまでに開発された水質浄化のためのエコロジカルエンジニアリングを掲げると，アシ（葦）原浄化法，植栽水路浄化法，底質利用浄化法，れき（礫）間通水浄化法，人工干潟浄化法，土壌浸透浄化法などがある．

エコロジカルな方法は，維持管理が容易で低コストであり，省エネルギーという利点もあるが，その分広大な面積と長い時間がかかるという欠点ももっている．したがってどこでも使えるという方法ではないが，汚濁源近くの自然の生態系のなかにうまく組み込んで利用すれば，効果的な方法となりうる．

1.6.4 快適な水環境

快適な水環境とは，量的に十分で清浄な水を確保することが基本ではあるが，これにプラスして人を魅きつけるものが周辺に備わっていることが望ましい．

それは景観のよさであり，水とそれを取り巻く土，砂利，緑の植物，木そして人工物（建築物や彫刻）などが一体となってかもし出すものである．そしてこれらには，地域の文化，伝統に裏打ちされた個性のあるものが含まれていることがふさわしい．このような水環境をはじめは意識的につくっていく必要があるが，それが魅力的なものであればあとは地域コミュニテイに支えられて自然に発展し，独自の個性的なものが形づくられるに違いない．このような場を通して，地域コミュニテイが自然に形成されるし，それがまたその地域にふさわしいより快適な水環境をつくっていくことにつながっていく．すなわち，快適な水環境とは，人間とのつながりのなかで地域コミュニテイの核となるべきもので，それは人の遊び，学び，癒しなど多様な場を提供する可能性をもっている．

演習問題

2.1.1 水の物性値をほかの物質と比較することによって水の特性を表し，それが自然界の現象とどう関連しているか考察せよ．

2.1.2 有害化学物質（環境ホルモン）による生物への影響はどのような点で深刻な

問題をはらんでいるのか．公害病とも関連させて考えよ．
2.1.3 わが国の空間的過密さを，外国との比較を通して考察せよ．
2.1.4 水域の水質変化を示す基本式を，移流，拡散，分解という物理的および生物化学的要因を用いて説明せよ．
2.1.5 流量 $Q\,\mathrm{m^3/s}$ の河川沿岸に人口 P 万人の都市がある．この河川から採水された上水道を使用し，下水は処理後すべて河川に戻されるとすれば，都市の人口が河川水質 C に与える影響を計算せよ．ただし，1人1日使用水量を $400\,l$，BOD と総窒素 TN の原単位はそれぞれ $45\,\mathrm{g}$，$4\,\mathrm{g/人/day}$，下水処理場での除去率は BOD と TN それぞれ 90，50%とする．また P と Q をそれぞれ 10 と 20，下水道普及率は 100%とする．
2.1.6 湖の中心に BOD 物質 1 kg を瞬間的に投入した．同心円状に拡散するものとして中心から 1 m 離れた地点の 20，40，60，80 分後の BOD 濃度（mg/l）を計算せよ．ただし，水深 d 方向の拡散は一定の 1 m，拡散係数は $1\,\mathrm{cm^2/s}$ とし，生物化学的分解は無視する．
2.1.7 水域の自然浄化作用について説明せよ．
2.1.8 河川の上流地点 A と下流地点 B における流量 $Q(\mathrm{m^3/s})$ と BOD 濃度 $C(\mathrm{mg}/l)$ はそれぞれ $Q_a = 20$，$Q_b = 25$ および $C_a = 8$，$C_b = 5$ であった．ただし，B 地点の 5 m³/s の流量増加は直前地点からの渓流水（$C = 1$）の流入によるものである．AB 間の流下時間を 8 時間としてこの区間の BOD 除去係数 K_d（1/日）を求めよ．またこの状況のまま流下するものとして，B 地点からさらに 1 日流下した地点 D の BOD 濃度 C_d を求めよ．
2.1.9 富栄養化とその影響について調べよ．
2.1.10 新しい快適な水環境について，地元の身近な建設例を通して考えよう．

2章
大気環境

2.1 大気環境の特性
2.1.1 大気の組成
　地表付近の大気を構成するおもな物質は，窒素（N_2）と酸素（O_2）である．それぞれ容積割合で，78.08%と20.95%を占める．水分を除いて考えると，このほかの物質はいずれもわずかな存在量であり，アルゴン（Ar）が0.93%，二酸化炭素（CO_2）が約0.035%，その他の物質が0.005%を占めている．大気中の酸素は，酸素呼吸生物に必須の物質であり，二酸化炭素は植物生産に必須の物質である．また，二酸化炭素と水蒸気は温室効果による地球表面の保温に寄与しており，生物の生存に好ましい条件をつくりだしている．さらに，大気中の水分は気体，液体，固体と相を変えており，熱の放射吸収，熱力学，大気化学過程に関与し，地球の環境を決めるのに重要な役割をもっている．またその存在割合は，時と場所によって体積比約4%までの範囲で大きく変動し，気象や水循環の一要素となっている．

2.1.2 大気中の拡散
　大気は流動性が大きく，大気中に放出された物質は速やかに拡散する．この拡散は，地表面の粗度や熱の分布によって影響を受ける気層である大気境界層中の風の乱れによって生じる．
　固定排出源から排出された物質の大気中での拡散過程を，図2.2.1のように考えることができる．このとき，排出された物質の排出強度，風速，有効煙突高さ，排出熱量などから濃度分布を求める式が提案されている．なかでも風速に関しては，弱風時（地上風速が1 m/s以下）や無風時（地上風速が0.5 m/s未満）に対してそれぞれ別の式が提案されている．

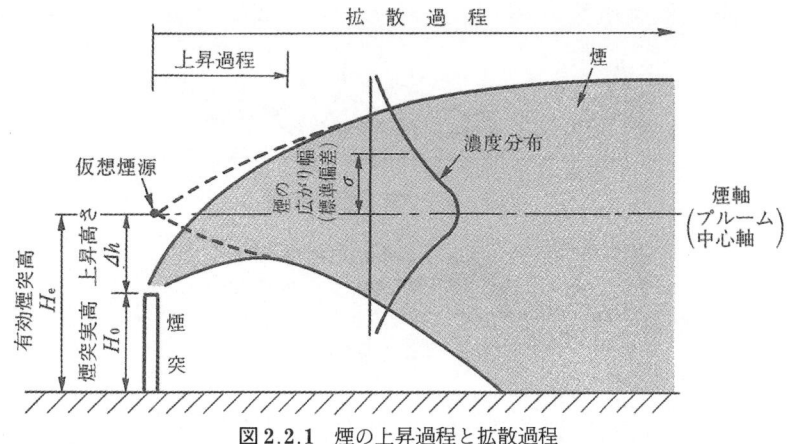

図 2.2.1　煙の上昇過程と拡散過程
[竹林征三編著：技術士を目指して（建設部門）建設環境，山海堂]

　次に，汚染物質の鉛直方向への運搬には大気の安定度が影響する．大気の安定度とは，気温が鉛直方向にどのように分布しているかによって決定される．一般に空気の温度は上空にいくほど断熱膨張によって低下する．鉛直方向に熱の輸送がない基準大気（乾燥断熱状態の大気）で，温度の低下割合は0.0098℃/m である．これを熱的に中立の大気といい，これより温度低下が急激な状態を不安定，緩い状態を安定といっている．

　このような大気の安定度による煙の拡散への影響を示したのが，図2.2.2である．ループ型は，夏の日中のような，大気が最も不安定なときに生じ，煙は風下に向かって大きく蛇行する．煙の拡散は速いが，風下で瞬間的に高濃度の汚染状態になることがある．錐（きり）型は，冬や曇りの日の日中にみられる．気温の低下率が小さく，煙は錐のような形状で流れる．一般に，水平方向の拡散が大きい．扇型は，大気の下層全体が逆転層の場合で，垂直方向の拡散が弱く，水平方向の拡散が強い場合にみられる．そのため，真横から見ると煙は薄いが，上からみると煙は広がって扇型に見える．屋根型では，煙突出口より下層で安定，上層で不安定であるため，煙は地上には降りないが，上空にはすぐに拡散する．したがって，最も汚染しにくい状態となる．いぶし型では，下層が不安定，上層が安定であるため，煙は下層に閉じ込められる．したがって，煙の拡散には不都合である．

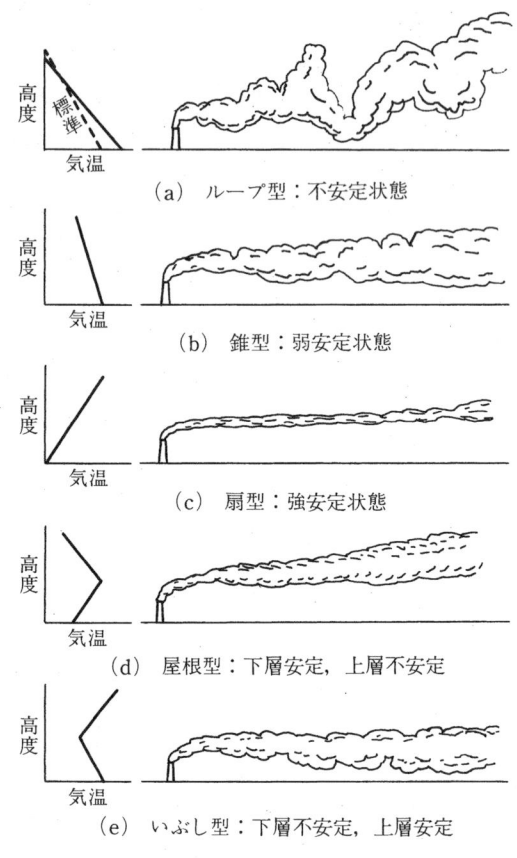

図 2.2.2 気温分布と煙突ガスの拡散
［新環境管理設備事典編集委員会編：大気汚染防止機器，
(株)産業調査会事典出版センター］

(a) ループ型：不安定状態
(b) 錐型：弱安定状態
(c) 扇型：強安定状態
(d) 屋根型：下層安定, 上層不安定
(e) いぶし型：下層不安定, 上層安定

2.2 大気汚染物質

　おもな大気汚染物質は，粒子状の物質とガス状の物質に分けられる．粒子状の物質は，比較的重たい降下ばいじんと微細で降下しにくい浮遊粉じんとに区別されるが，浮遊粉じんのうち，粒径 $10\,\mu$m 以下のものを浮遊粒子状物質 (SPM, suspended particulate matter) と呼んでいる．粒子状の物質は，1950 年代から 60 年代にかけての代表的な大気汚染物質であった．ガス状の大

気汚染物質には，二酸化硫黄（SO_2），窒素酸化物（NO，NO_2），などがある．また最近はダイオキシンによる大気汚染が大きな問題になってきた．そして，環境庁から発表された1997（平成9）年度の調査で，PCBが，大気1 m^3 当たり，0.044～1.5 ng の範囲で検出されているように，多様な化学物質が大気中に残留しているという問題もある．

なお，最近の研究によると，ガス状の物質が，煙突から排出された後，"凝縮性ダスト"と呼ばれる粒子になることが明らかになった．このような二次粒子に対する対策は，今後の課題とされている．

2.2.1 粒子状の物質

降下ばいじんは，おもに物質の破砕など（砕石場など）で発生し，多くは発生源近くに降下する．浮遊粉じんは，物質の破砕などでの発生のほか，燃料の燃焼（石炭火力発電ボイラ，廃棄物焼却炉，自動車など），物の製造プロセス（セメントキルンなど）などでも発生する．粒子状物質による大気汚染は，集じん装置の普及や燃料の転換などによって，工場など固定排出源に対しては，一定程度改善されてきており，1996（平成8）年度の一般環境大気測定局（一般局）での浮遊粒子状物質の測定年平均値は 0.036 mg/m^3 であり，全測定局数に対する達成局数で表した環境基準の達成率は約70％であった．これに対して，自動車排出ガス測定局（自排局）での測定年平均値は 0.046 mg/m^3 であり，環境基準の達成率も約42％となっており，モータリゼーションの進行によって環境基準達成は遅れている．

なお，環境基準の長期的な評価は，次のようにされている．年間にわたる1日平均値について，測定値の高いほうから2％の範囲にあるものを除外した1日平均値（たとえば，年間365日分の測定値がある場合は，高いほうから7日分を除いた8日目の1日平均値）を考え，たとえばSPMの場合，これが 0.10 mg/m^3 以下であり，かつ年間を通じて1日平均値が 0.10 mg/m^3 を越える日が2日以上連続しない場合を，環境基準に適合するとされている．

粉じんのうちスパイクタイヤ粉じんについては，これが，生活環境の悪化と人の健康への悪影響をもたらすことから，指定地域におけるスパイクタイヤの使用が規制されている．1995（平成7）年4月現在，18道県の803市町村が

指定地域となっている．また，アスベストは，発ガン性などの健康影響があることから，1989（平成元）年から特定粉じんに指定され規制されている．

2.2.2 ガス状の物質
（1） 二酸化硫黄（SO_2）と窒素酸化物（NO_x）

大気中の二酸化硫黄は，硫黄を含む燃料の燃焼によって生成されたものが多い．無色で刺激性のある気体で，水に溶けやすい．四日市ぜんそくなどの公害病の原因物質であり，酸性雨の原因物質でもある．

大気中にはさまざまの窒素酸化物が存在するが，多くは，一酸化窒素（NO）と二酸化窒素（NO_2）である．一酸化窒素は無色無臭の気体で，水に溶けにくく，空気にふれて酸化し，二酸化窒素となる．二酸化窒素は赤褐色の気体で，刺激臭があり，水に容易に溶けて，亜硝酸，硝酸となるため，酸性雨の原因物質である．また，二酸化窒素は光化学大気汚染の原因物質でもある．おもな排出源は自動車排出ガスと工場排煙であり，高温燃焼中に空気中の窒素が酸化されて一酸化窒素となるため，自動車排出ガス中の窒素酸化物のほとんどが一酸化窒素である．

1965（昭和40）年以降の，大気中二酸化硫黄濃度と二酸化窒素濃度の経年変化を図2.2.3に示した．これをみると，二酸化硫黄濃度は1960年代の後半から，急激に濃度が低下し，最近では 0.01 ppm を下回る程度になっている．これは，排出規制や総量規制などの対策とともに，燃料の低硫黄化，排煙脱硫

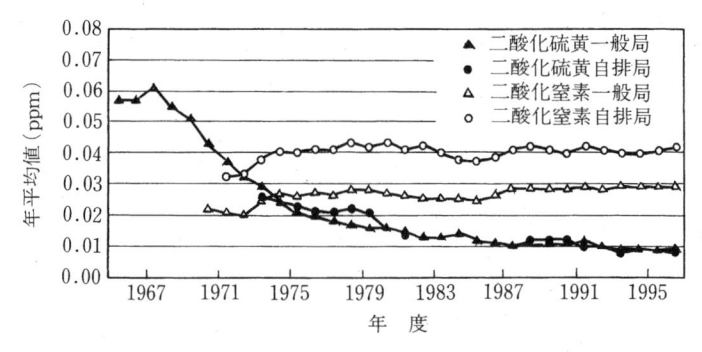

図2.2.3 二酸化硫黄，二酸化窒素濃度の年平均値の推移
［環境庁編：環境白書平成10年版総説］

装置の設置などの結果である．二酸化窒素濃度は 1970（昭和 45）年以降，減少傾向になった期間もあるが，おおむね漸増傾向を示している．

世界の主要都市における二酸化硫黄による大気汚染の状況を図 2.2.4 に示した．この図からわかるように，瀋陽，北京などの中国の都市やソウル，テヘランといった発展途上の都市ではなお深刻な状況となっている．一方，二酸化窒素による大気汚染の状況は，先進国の主要都市でも，ブリュッセル，コペンハーゲン，チューリッヒなどは 1985 年以降 1990 年代にかけて改善傾向がみられるものの，東京，アムステルダム，ロンドンなどでは悪化傾向となっている．二酸化窒素排出量の約半分は，自動車からによるものであり，このような移動発生源に対する排出低減対策が進められる必要がある．

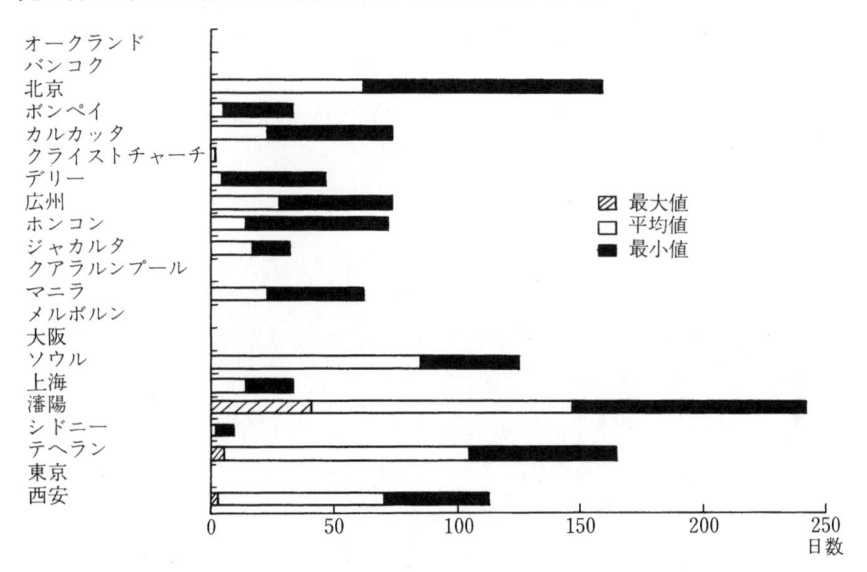

図 2.2.4 主要各都市の大気中二酸化硫黄濃度が 150 $\mu g/m^3$ を越えた 1 年間の日数
［環境庁編：環境白書平成 7 年版総説］

（2） 一酸化炭素（CO）

一酸化炭素は無色無臭の気体で，水に溶けにくく，現状の大気汚染程度の低濃度では酸化もされにくい．燃料の不完全燃焼によって生成し，おもな発生源は自動車である．とくに，渋滞走行時，アイドリング時の発生が大きい．一酸化炭素は血液中のヘモグロビンと結合し，酸素運搬機能を阻害して酸素欠乏を

生じさせる．また，温室効果ガスであるメタンガスの寿命を長くすることが知られている．

大気中一酸化炭素濃度の経年変化を図2.2.5に示した．1971（昭和46）年以降，経年的に濃度の減少がみられ，改善傾向にある．

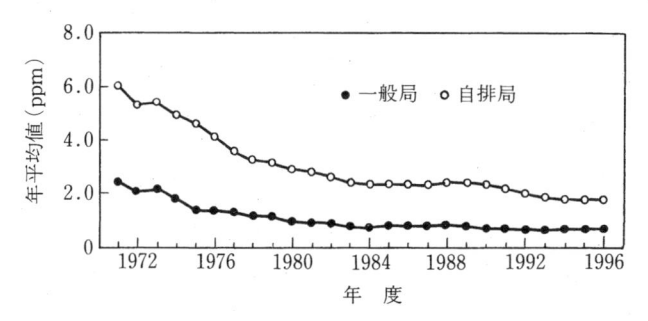

図2.2.5 一酸化炭素の年平均値の推移（継続測定局平均）
［環境庁編：環境白書平成10年版総説］

（3）光化学オキシダント

光化学オキシダントとは，光化学反応によって生成されたオゾン，パーオキシアセチルナイトレート（PAN）などの強い酸化力をもった物質をいい，これらの物質は窒素酸化物や炭化水素類（HCs）が太陽光線の照射を受け光化学反応を起こして生産される．光化学オキシダントの90％以上はオゾンであり，オゾンは無色の気体であるが，目，のどなどの粘膜を刺激するため，光化学オキシダントはいわゆる光化学スモッグの原因となる．

光化学オキシダント濃度は，依然として全国的に高い水準にあり，気象条件によっては都道府県知事による注意報が発令される事態が生じている．この注意報は，光化学オキシダント濃度の1時間値が0.12 ppm以上で，気象条件からみて，汚染の状態が継続すると認められるとき発令されるもので，1994（平成6）年の光化学オキシダント注意報の発令日数は19都府県で，延べ175日であり，とくに首都圏，近畿圏に多い．光化学スモッグの発生を防止するため，光化学オキシダントの原因物質の一つである，非メタン炭化水素類の発生源（自動車，炭化水素類を成分とする溶剤使用の事業所など）に対して，排出抑制対策や規制が行われている．

2.2.3 その他

大気汚染防止法で有害物質として規制されている物質は，窒素酸化物のほかに，① カドミウムおよびその化合物，② 塩素および塩化水素，③ フッ素，フッ化水素およびフッ化ケイ素，④ 鉛およびその化合物，である．これらの物質については，発生源のばい煙発生施設の種類ごとに排出規制されている．このほか，物の合成や分解などに伴って発生する物質のなかで，アンモニア，ホルムアルデヒド，硫化水素など 28 物質が大気汚染防止法施行令で特定物質に指定され，事故対策などが定められている．

このほかにも大気中にはさまざまな物質が存在し，それらのなかには，低濃度でも長期的に人体が暴露された場合に健康影響が懸念されるものがある．このような有害物質に対して，1996（平成 8）年大気汚染防止法が改正され，それに基づいて対策が行われている．

半導体工場などでの金属洗浄に用いられるトリクロロエチレンやテトラクロロエチレンは，近年広い範囲の大気中で検出されており，発生源に近いところでは，局所的に高濃度で検出されることもある．これらの物質については，1997（平成 9）年に環境基準が定められた．

最近問題となってきたごみ焼却場などから排出されるダイオキシン類については，1997（平成 9）年に環境庁は，大気汚染防止法の指定物質に指定し，抑制基準を定めた．そしてダイオキシン対策法に基づいて検討されている大気環境基準値は $0.6\,\mathrm{pg\text{-}TEQ/m^3}$ と答申された（1999 年 12 月）．

2.3 大気汚染の防止

2.3.1 技術的対策

（1）浮遊粒子状物質

気体中の浮遊粒子を分離・除去する操作を集じんといい，この装置を集じん装置という．気体中の浮遊粒子を分離する機構として，重力，慣性力，拡散力，熱力，電気力などによるものがあり，これによって分離した浮遊粒子の捕集機構によって，集じん装置は 6 種類に分類される．そのうちのおもな装置の特徴は次のようである．

① 重力集じん装置

ガス中に含まれる浮遊粒子を重力による自然沈降によって分離捕集する装置である．重力沈降によって分離される粒子の径と沈降装置緒元との関係は次のように表される．

$$d_{\min} = \frac{18\mu Hv}{gL(\rho_p - \rho_g)}$$

ここで，$d_{\min}$：完全に分離される最小粒子径，μ：気流の粘度，H：沈降室の高さ，v：沈降室に入る気流の速度，g：重力加速度，L：沈降室の長さ，ρ_p：浮遊粒子の密度，ρ_g：気流の密度．

この装置は，微粒子に対しては効果が小さく，一次集じん器として粗粒の除去に適している．

② 慣性力集じん装置

気流の方向に急激な変化を与えたとき，浮遊粒子がその慣性力によって気流から離れる現象を利用した方法である．衝突式，反転式などがあるが，どの形式でも高い集じん効率は期待できない．高濃度，大粒径の場合に効果的であり，プレダスタとして用いられる．

③ 遠心力集じん装置

浮遊粒子を含んだガスに旋回運動を与え，主として粒子に作用する遠心力によって粒子を分離捕集する方法である．この装置で分離される粒子の大きさは粒径 5〜15 μm 程度である．

④ ろ過集じん装置

浮遊粒子を含んだガスをろ材を通すことによって浮遊粒子をろ過する方法である．ろ材には木綿，合成繊維などの織布やガラス繊維などの充てん層が用いられる．織布を用いた方法は，バグフィルタとも称される．この装置は，ろ布表面に一次付着相が形成されて，粒径 1 μm 以下の粒子も捕集でき，高い集じん効率が期待できる．

⑤ 電気集じん装置

浮遊粒子はコロナ放電によって電荷を与えられ，電気力などによって集じん極板上に捕集される．この方法は，微細粒子の捕集ができ，集じん効率も高いので広く用いられている．ESP (electrostatic precipitator) または EP と略

称されることもある．

（2） ガス状物質

① ガス吸収装置

有害ガスの処理法として用いられることが多い．たとえば，塩化水素ガスは水によく溶け，塩素ガスはアルカリ溶液によく溶けるため，ガス吸収装置を用いて処理される．具体的な方法として，吸収液を液滴などにしてガス中に分散させる液分散型と，ガスを液中の気泡として分散させるガス分散型がある．このほか，吸収剤をスラリ状にして高温ガス中に吹き込む方法や，固体吸収剤と気体とを直接反応させる方法もある．

② ガス吸着装置

活性炭やシルカゲル，ゼオライトなどを吸着剤として，特定のガス成分を吸着除去する方法である．

③ 排煙脱硫

燃焼排ガス中の二酸化硫黄を除去するのが排煙脱硫であり，湿式法と乾式法とがある．湿式法は，水酸化ナトリウムのようなアルカリを含む水溶液と排煙を接触させて二酸化硫黄を除去するものである．火力発電所で行われるような大型の排煙脱硫装置は，湿式法の石灰-石膏法が主流である．このプロセスのおもな反応は次のようである．

$$CaCO_3 + SO_2 + \frac{1}{2} H_2O$$
$$\longrightarrow CaSO_3 \cdot \frac{1}{2} H_2O + CO_2$$

$$CaSO_3 \cdot \frac{1}{2} H_2O + \frac{1}{2} O_2 + \frac{3}{2} H_2O$$
$$\longrightarrow CaSO_4 \cdot 2 H_2O$$

脱硫後の排ガスは水分飽和状態になっており，そのまま大気中に放出されると白煙を生じたりする．これを防ぐため，処理前の高温排ガスと熱交換させるガス・ガス・ヒータ（GGH）を用いて脱硫後の排ガス温度を 90〜100℃ まで加熱している．

乾式法は，活性炭への吸着などによって二酸化硫黄を除去する方法である．

また最近，石炭灰を利用したプロセスも開発されている．

日本の排煙脱硫装置は，処理能力の約90％以上，設置基数でも約90％近くが湿式法を採用している．

④ 排煙脱硝

排煙脱硝も，湿式と乾式に分けられるが，脱硝の場合は乾式法，とくにアンモニア選択接触還元法が90％以上を占めている．この方法は，排ガス中にアンモニアを注入し，触媒上で反応させてNO_xをN_2とH_2Oにするものである．その反応は次のように表される．

$$4\,NO + 4\,NH_3 + O_2 \longrightarrow 4\,N_2 + 6\,H_2O$$

$$NO + NO_2 + 2\,NH_3 \longrightarrow 2\,N_2 + 3\,H_2O$$

（3） 有害物質など

有害物質のうち，カドミウム・鉛およびその化合物は，粉じんとして排出されるので，浮遊粒子状物質として分離・除去される．また，塩素および塩化水素などのガス状の排出物は，ガス吸収によって分離・除去される．なお，いずれの場合も，有害物質は液中に移行するかまたは固形物として回収されることになり，その後の処理が必要となる．

（4） 自動車排出ガス

自動車から排出される物質を排出ガスといい，排気系から排気ガスと粒子状物質，燃料供給系から燃料蒸発ガス，エンジンのクランクケースからブローバイガスがそれぞれ排出される．ガソリンエンジンからの排気ガス中の物質は，二酸化炭素と水に加えて一酸化炭素（CO），炭化水素（HC），NO_x（NOとNO_2）などである．ディーゼルエンジンの場合は，さらに燃料中の硫黄に由来する二酸化硫黄と不完全燃焼生成物としての粒子状物質が排気ガス中に含まれる．自動車排出ガス対策には，発生量を抑制するためにエンジンの燃焼を改良するエンジンモディフィケーションと，発生したものを除去して排出量を抑制するための後処理方式とがある．エンジンモディフィケーションの基本的考え方を表2.2.1に示した．後処理方式では触媒を用いて，CO，HCを酸化したり，NO_xを還元したりしてそれらの排出を低減させている．このほか，ディーゼルエンジンからの粒子状物質を低減させる方法として，フィルタトラップ方式が研究されている．また，メタノール車，電気自動車など低公害車の開

表 2.2.1 エンジンモディフィケーションによる生成抑制の概念

成分	基本的考え方
CO	希薄空燃比の採用
HC	希薄空燃比の採用 クエンチング領域の減少 減速時の燃料量の制御 新規の吹抜け量の減少 排気ガスの温度上昇・保温
NO_x	燃焼温度の低下 余剰酸素量の低減

[新環境管理設備事典編集委員会編：大気汚染防止機器, (株)産業調査会事典出版センター]

発も行われている．

2.3.2 法的規制

大気汚染にかかわる環境基準を，表2.2.2に示す．大気汚染の法的規制は，この環境基準と大気汚染防止法を中心にして行われている．大気汚染防止法は，工場，事業場などから排出されるばい煙などの排出量を規制し，あわせて自動車排出ガスにかかわる許容限度を定めることなどを目的としている．排出規制の対象物質は，工場・事業場から発生・排出される，ばい煙，粉じん，特定物質と自動車排出ガスである．ここでばい煙とは，ものの燃焼に伴って発生する"硫黄酸化物"，ものの燃焼または熱源としての電気の使用に伴って発生する"ばいじん"，燃焼，合成，分解などで発生する物質のうち，政令で定められた"有害物質"の三つをさしている．

1989（平成元）年アスベストが"特定粉じん"に指定され，規制の対象となった．また，1997（平成9）年には有機塩素化合物である，ベンゼン，トリクロロエチレン，テトラクロロエチレンが，"指定物質"とされ，環境基準値が設定された．さらに，ダイオキシン類については，1997（平成9）年に，"指定物質"に指定するよう中央環境審議会から答申されている．

なお，今後の法的規制の方向として，大気中の浮遊粒子状物質の削減のため，大気中での二次粒子生成の要因となる，工場からの炭化水素（キシレンやトル

表 2.2.2 大気汚染にかかわる環境基準

物　質	環境上の条件
二酸化硫黄 SO_2	1時間値の1日平均値が0.04 ppm以下であり，かつ，1時間値が0.1 ppm以下であること．
一酸化炭素 CO	1時間値の1日平均値が10 ppm以下であり，かつ，1時間値の8時間平均値が20 ppm以下であること．
浮遊粒子状物質 SPM	1時間値の1日平均値が0.10 mg/m³以下であり，かつ，1時間値が0.20 mg/m³以下であること．
光化学オキシダント O_x	1時間値が0.06 ppm以下であること．
二酸化窒素 NO_2	1時間値の1日平均値が0.04 ppmから0.06 ppmまでのゾーン内またはそれ以下であること．
非メタン炭化水素 NMHC	光化学オキシダントの日最高1時間値0.06 ppmに対応する午前6時から午前9時までの非メタン炭化水素の3時間平均値は0.20 ppmCから0.31 ppmCの範囲にあること．
ベンゼン	1年平均値が0.003 mg/m³以下であること．
トリクロロエチレン	1年平均値が0.2 mg/m³以下であること．
テトラクロロエチレン	1年平均値が0.2 mg/m³以下であること．

［平成9年度宮城県環境白書，宮城県環境生活部環境政策課発行，および，平成9年版仙台市の環境，第27号，仙台市環境局発行，より抜粋］

エンなど）の排出規制や，自動車や工場からの微粒子の排出基準の強化などの方向が検討されている．

2.4　地球規模大気汚染

　各種大気汚染物質の大気中での寿命を表2.2.3に示した．窒素酸化物，硫黄酸化物は比較的短い寿命であるが，二酸化炭素やフロンなどは数十年以上の寿命をもっている．また，大気中における輸送過程の時間の長さを表2.2.4に示した．地上に近い大気境界層では乱流拡散や，日中，地面が暖められて生じる対流によって1時間から1日程度の時間スケールでよく混合される．これに対して対流圏では，偏西風と高気圧，低気圧による混合が支配的であり，ここで

表2.2.3 大気汚染問題に関連する気体成分の特性

気体	濃度増加率 (%/年)	大気中の寿命	現在の濃度 (ppb)
二酸化炭素（CO_2）	0.5	50〜200年	350 ppm
二酸化硫黄（SO_2）		4日	0.1
窒素化合物			
亜酸化窒素（N_2O）	0.3	120年	375
窒素酸化物（NO_x）		0.5〜1日	<1
フロン・ハロン			
フロン11（CCl_3F）	4〜5	65年	0.24
フロン113（$C_2Cl_3F_2$）	10〜20	90年	0.65
ハロン1301（CF_3Br）	10〜20	110年	0.002
有機塩素化合物			
四塩化炭素（CCl_4）		20〜50年	0.13
トリクロロエチレン（C_2HCl_3）		7日	0.005
炭化水素			
メタン（CH_4）	0.9	5〜10年	1.7 ppm
プロパン（C_3H_8）		10日	0.05
オゾン（O_3）	1.0	0.1〜0.3年	高度依存

現在の濃度は対流圏内の全球平均濃度。
[北大衛生工学科編：健康と環境の工学，技報堂出版]

表2.2.4 大気中での輸送過程の時間スケール

輸送現象	輸送時間スケール
大気境界層（地表〜1500 m 程度）内での混合	1時間〜1日
地球1周を輸送（北緯45度，風速20 m/s）	2週間
対流圏（地上約10 km まで）内の鉛直方向の混合	1か月
赤道を越える輸送（対流圏）	1年
対流圏空気の成層圏空気との交換	2〜50年

[北大衛生工学科編：健康と環境の工学，技報堂出版]

の特徴として，水平風速が10〜数十 m/s であるのに対して，鉛直風速は1〜数 cm/s と小さいことがあげられる．このため，対流圏に入った汚染物質が地球を1周するには約2週間程度であるが，鉛直方向の混合には1か月程度を必要とすることになる．また，北半球から南半球への輸送には1年程度を要することになる．

このような輸送過程の時間スケールと汚染物質の寿命とを結びつけて考える

と，個々の大気汚染の特徴が把握されることになる．たとえば，オゾン層の破壊をもたらすフロンなどは，ほとんどが北半球から排出されているが，赤道を越えた南極上空でオゾンホールが観測されるのは，南半球に輸送されるのに十分な寿命をフロンがもっているからである．また，酸性雨の原因物質である硫黄酸化物と窒素酸化物は，どちらも短い寿命であるが，それでも対流圏の水平風速（10～20 m/s と考える）で，窒素酸化物（寿命 0.5～1 日）は 430～1700 km 程度の移動距離であるが，硫黄酸化物（寿命 4 日）は 3500～7000 km を移動することになる．このことから，窒素酸化物の移動は国内の都市間を移動するレベルであり，硫黄酸化物の移動は，国境を越えて大陸全体での移動レベルであるということができる．

また，寿命が長いことは，排出量が小さくても大気中に蓄積されやすいことになり，排出がなくなっても長期間影響が続くことを意味する．

2.5 廃熱とヒートアイランド現象

図 2.2.6 は，東京における年平均気温の経年変化と 5 年移動平均を示したものである．21 世紀の初頭から上昇傾向にあることがわかる．また，図 2.2.7

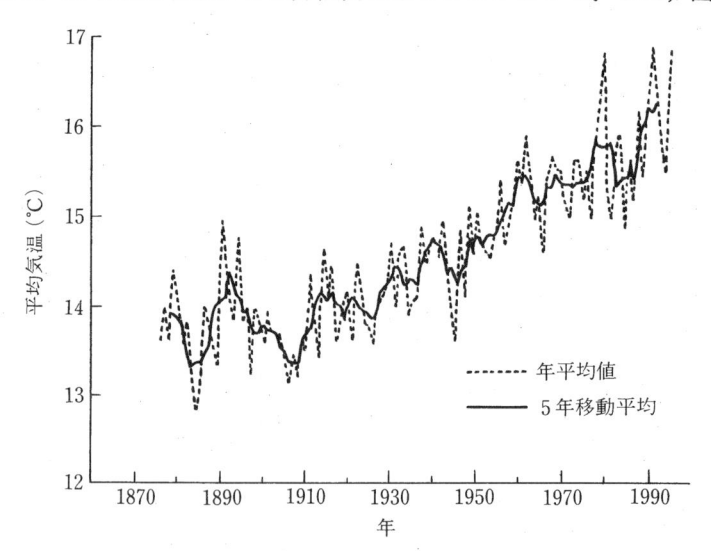

図 2.2.6 東京の年平均気温の経年変化図
［環境庁編：環境白書平成 7 年版総説］

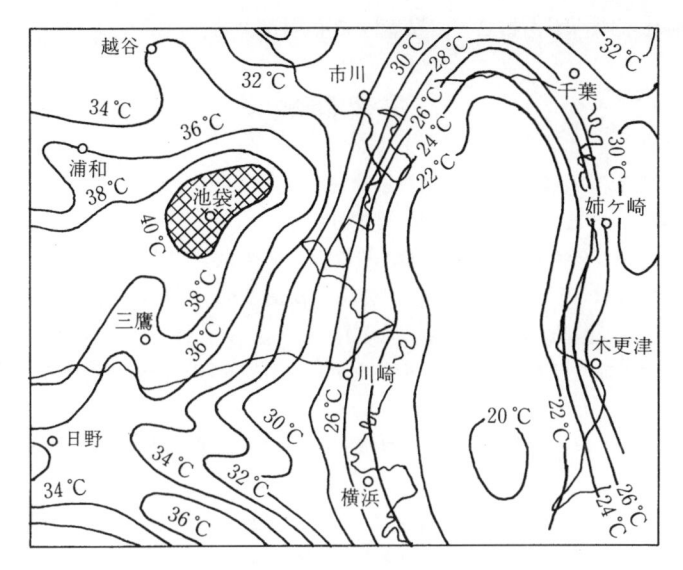

図2.2.7 夏期における東京の表面温度分布
［北大衛生工学科編：健康と環境の工学,技報堂出版］

は,夏期における東京の表面温度分布を示したものである.等温線の形状から池袋周辺を中心に気温の高い部分が島状に形成されていることがわかる.このように,都市と郊外とに温度差が生じ,島状に気温の高い区域が都市に形成される現象を,ヒートアイランドと呼んでいる.

ヒートアイランドの原因となるのは,都市の建築物の材質や地表面の状態と都市におけるエネルギー消費があげられる.コンクリートや石,アスファルトなどは天然の木や草,土に比べて熱伝導性がよく,熱容量が大きいため太陽熱をよく吸収し蓄熱する.また,都市では雨水の蒸発が少なくなるので蒸発熱の消費が少なくなる.そして,人間活動によって消費されたエネルギーは,最終的には熱となって排出され,気温上昇に寄与することになる.大都市の人工排熱量は直達日射量の20〜50％に相当するといわれている.

ヒートアイランドの対策は,根本的には都市のエネルギー消費量を削減することである.と同時に,都市の中に水面を確保したり,緑化したりすることも効果的である.ただし,緑化については,クールアイランド現象と呼ばれる,低温部分への大気の降下流に伴って,大気中の有害物質が緑化地帯に降下して

植物が枯れる場合もあることに留意する必要がある．

演習問題

2.2.1 大気汚染防止法による規制対象物質，およびその規制濃度に関する最新の情報を収集し，今後の規制の方向性を調査せよ．
(キーワード：ダイオキシン，ヒ素，ジクロロメタンなど)
2.2.2 大気汚染の予測手法にどのようなものがあるか，それらの内容を調べよ．
(キーワード：拡散，統計，模型，など)
2.2.3 自動車排気ガスによる大気汚染をテーマに，現状，課題，対策などについて調べよ．
(キーワード：窒素酸化物，粒子状物質，エンジン対策，燃料対策，交通流対策など)
2.2.4 大気の安定度について説明せよ．また，それと煙突からの煙の拡散との関係について説明せよ．
(キーワード：気温鉛直分布，断熱減率，錐型，屋根型，など)

3章
土 壌 環 境

3.1 土壌環境の問題

　土壌とは，地表の無機質砕屑物が，その場の気候，生物，地形との，ある時間にわたる相互作用のなかで，一定の形態と機能を獲得したものである．このように，土壌というものを考えるときに生物との相互作用が不可欠であり，環境条件が生物の生育に適当であることを前提としている．そして，土壌という言葉には，単なる岩石の風化物としての土ではなく，"作物を育てる土"という意味が込められている．

　したがって，土壌環境の問題点としてまずあげられるのは，農作物に影響を与える，農用地の土壌汚染である．古くは足尾銅山からの廃水による渡良瀬川流域の土壌汚染や，1950年代中ごろの神通川流域水田のカドミウム汚染などがある．このように，農用地の汚染は，水系の汚染を通じて生じることが多い．

　また最近では，ごみ焼却場などからの排ガスによる土壌汚染問題も多くなってきた．これは，大気を通じての土壌汚染であり，排出源周辺の汚染レベルが高くなる．そしてその広がりは，地域の地形・風向によって影響され，大気を通じての土壌汚染は，農用地だけでなく，住宅地などにも及ぶ．1996（平成8）年度までの細密調査などの結果では，カドミウム（基準値：玄米1 kgにつき1 mg），銅（基準値：土壌1 kgにつき125 mg），ヒ素（基準値：土壌1 kgにつき15 mg）という特定有害物質の基準値以上検出地域は，129地域，7140 ha となっている．

　農用地以外の市街地土壌の汚染が，近年全国的に顕在化してきた．これは，工場跡地の再利用などのときに判明する例が多い．また最近では，地下水の監視などを通じて明らかになる事例も増えてきた．汚染物質としては，化学工業や金属製品・電気機械器具製造業で使われる，鉛，六価クロム，水銀などの重

金属に加えて，近年，トリクロロエチレンやテトラクロロエチレンのような有機塩素化合物が増加してきた．1975（昭和50）年から1992（平成4）年までの17年間に，累計177件の市街地土壌汚染事例が判明しているが，このうち約120件が1987（昭和62）年から5年間に判明した事例である．汚染の原因は，工場の製造施設の破損などに伴う漏出，工場敷地内での廃棄物の不適切埋立，および汚染原因物質の不法投棄などである．

このような土壌の汚染は地下水汚染を引き起こすことが多く，長期にわたって影響を与える蓄積性の汚染である．

地球規模の土壌環境問題では，土壌侵食や砂漠化がある．土壌侵食は，肥沃な土の表層が風や水によって飛散，流出する現象（風食，水食）であり，自然的な作用であるが，森林伐採などによる裸地化がその進行を早める要因となっている．また近年，単一栽培や無理な連作の普及拡大に伴う土壌団粒構造の破壊による人為的な土壌侵食も問題になっている．砂漠化は，土壌侵食が進行することによって生じるが，これを引き起こす主要な原因は過放牧，薪炭の伐採，熱帯雨林の耕地化などである．この背景には，人口増加，貧困などの社会・経済的な要因がある．

土壌環境問題とはやや趣を異にするが，地盤環境問題として地盤沈下があげられる．地盤沈下の主要な原因は，地下水の過剰採取であり，かつて1910年代以降，1970年代（昭和45年ごろ）まで，東京，大阪の工業地帯で2～4mに及ぶ地盤沈下が生じていた．現在では，このような地盤沈下はほとんど停止しているが，沈下した地盤はそのままであり，建造物に被害が生じていたり，洪水・高潮などの災害の危険性が大きくなっている．また，新潟県や関東平野の北部で年間数cm規模の地盤沈下が依然として生じている（1996年度調査）．

3.2 土壌汚染対策

3.2.1 土壌の汚染にかかわる環境基準

1970（昭和45）年に公害対策基本法の典型公害として土壌汚染が規定されて以来，土壌の環境基準値の設定が求められていた．そして，1991（平成3）年にようやくカドミウムなど10物質について土壌環境基準値が設定された．

その後1994（平成6）年に有機塩素化合物15項目を追加し，現在25項目について環境基準値が設定されている．同時に，カドミウムなどの既定物質の一部について，基準値の見直しが行われている．土壌の汚染にかかわる環境基準を表2.3.1に示す．

土壌環境基準は，土壌の多様な機能のうち，水質浄化，地下水かん養，農作物の生産という機能を保全する観点から定められている．この基準が適用される土壌は，原則として農用地を含むすべての土壌であるが，自然的原因によって汚染されていることが明らかであると認められるような場所などについては除外されている．

なお，ダイオキシン類による土壌汚染対策として，対策をとるべき暫定的な"指針値"として，"居住地など"を対象に1000 pg-TEQ/gが，環境庁の「検討会中間とりまとめ」で1998年11月に発表された．

表2.3.1 土壌の汚染にかかわる環境基準

カドミウム	0.01 mg/l 以下であり，かつ，農用地においては，米1 kgにつき1 mg未満であること．	ジクロロメタン	0.02 mg/l 以下であること．
		四塩化炭素	0.002 mg/l 以下であること．
		1,2-ジクロロエタン	0.004 mg/l 以下であること．
		1,1-ジクロロエチレン	0.02 mg/l 以下であること．
全シアン	検液中に検出されないこと．	シス-1,2-ジクロロエチレン	0.04 mg/l 以下であること．
有機リン	検液中に検出されないこと．		
鉛	0.01 mg/l 以下であること．	1,1,1-トリクロロエタン	1 mg/l 以下であること．
六価クロム	0.05 mg/l 以下であること．		
ヒ素	0.01 mg/l 以下であり，かつ農用地（田に限る）においては，土壌1 kgにつき15 mg未満であること．	1,1,2-トリクロロエタン	0.006 mg/l 以下であること．
		トリクロロエチレン	0.03 mg/l 以下であること．
総水銀	0.0005 mg/l 以下であること．	テトラクロロエチレン	0.01 mg/l 以下であること．
		1,3-ジクロロプロペン	0.002 mg/l 以下であること．
アルキル水銀	検液中に検出されないこと．	チウラム	0.006 mg/l 以下であること．
PCB	検液中に検出されないこと．	シマジン	0.003 mg/l 以下であること．
銅	農用地（田に限る）において，土壌1 kgにつき125 mg未満であること．	チオベンカルブ	0.02 mg/l 以下であること．
		ベンゼン	0.01 mg/l 以下であること．
		セレン	0.01 mg/l 以下であること．

注：ここで，"mg/l 以下"は検液1lにつき○○mg以下であることを示す．なお検液とは，あらかじめ定められた方法によって溶出などの処理がされた液のこと．
［藤倉まなみ，柳邦宏：*INDUST*，Vol.14，No.1，1999.1］

3.2.2 農用地土壌汚染防止対策

　農用地の土壌汚染にかかわる特定有害物質として，カドミウム，銅，ヒ素の3物質が政令で定められている．これら特定有害物質が基準値以上検出された地域のうち，対策地域として指定された地域を対象に，排土，客土，水源転換などの公害防除事業が計画，実施される．特定有害物質が基準値以上検出された地域面積に対する，対策事業を実施した面積の割合は，1997（平成9）年10月末で75.8%である．

　一般に，土壌汚染物質である重金属は陽イオンであり，表層の土壌に吸着しやすいという性質をもっている．この特徴から，重金属によって汚染された土壌は，汚染土壌の除去，すなわち排土，非汚染土の客土，あるいは混層耕などの物理的な技術や，汚染物質の不溶化という化学的技術によって処理される．ここで，混層耕とは，汚染が少ない場合に，深く耕して汚染土壌を希釈する方法である．また，排土をした場合は，その汚染土壌の処理を適切に行わなければならない．通常，汚染物質が溶け出さないように，雨水を遮断した遮水工に封入する手法が使われる．化学的処理の例としては，硫化ナトリウムを加えて，水溶解度の低い硫化物にする方法や，還元剤を用いて六価クロムを三価クロムに還元して無害化する方法などがある．化学的処理の方法ではその効果の持続性が問題になる．また，多様な汚染物質が共存していると，水溶解度に違いがあって化学反応を適切に利用できない場合が多い．

　汚染された土壌で植物を栽培し，土壌中の汚染物質を植物に吸収させて除去しようという植物による環境浄化技術（ファイトレメディエイション，phyto-remediation）の開発が行われている．吸収能力が高く，しかも吸収した汚染物質を濃縮する能力の高い植物の探索や植物体からの汚染物質の回収技術の開発など，課題も多いが，遺伝子工学との結合の可能性もあり，エネルギー消費の少ない方法として確立されることが期待されている．

　近年，下水汚泥などを原料とするコンポストを，緑農地に利用する循環システムの構築が検討される傾向にある．とくに農用地に利用する場合は，土壌中の重金属の蓄積を防止するための施用基準などが設定されている．また，下水汚泥中の重金属を減少させる技術や廃水処理システムの開発も重要である．

3.2.3 市街地土壌汚染防止対策

市街地においては民有地が多いため，環境基準の適合状況の調査や汚染土壌に対する修復対策の実施を，事業者などの自主的な取組みで促進させることが必要である．そのため，調査・対策指針が策定され，経費の助成・融資などが行われている．

市街地土壌の汚染物質には，農用地の汚染に多くみられる重金属のほかに，有機塩素系化合物がある．一般に，土壌中に入った汚染物質は，土壌粒子に吸着したり，地下水に溶解したり，間隙中のガスに気化したり，間隙中に液体で存在したりする．揮発性の液体である有機塩素化合物は，土壌に吸着されにくいものの，これら四つの形態で土壌中に存在することができる．また，水より重く粘性が小さいため，土壌中の浸透も容易であるという特徴をもっている．

このような特徴をもつ有機塩素化合物による土壌汚染の浄化技術として，汚染物質の除去と汚染物質の分解技術がある．汚染物質を除去するためには，汚染土壌の除去，土壌ガスの吸引，地下水の揚水が行われる．これらのうち，有機塩素化合物による土壌汚染が地下水汚染と結びつくことや，有機塩素化合物の特性などから，地下水の揚水による汚染物質の除去は不可欠の対策として用いられている．そして，このようにして除去された汚染物質は，多くの場合気化させて活性炭に吸着させ回収している．

有機塩素化合物は，化学物質審査法の試験で難分解性と判定されているが，嫌気的条件下で効率的にこれを分解する微生物が発見されている．このような微生物を利用して汚染の原位置で汚染物質を分解，無害化する技術（バイオレメディエイション，bioremediation）が，実用化を目指して検討されている．

演習問題

2.3.1 土壌がもつ機能を調べ，その内容について整理せよ．
（キーワード：水質浄化，地下水かん養，農作物生産，など）
2.3.2 地下水の存在形態を説明せよ．
（キーワード：不圧地下水，被圧地下水，不飽和帯，飽和帯，など）
2.3.3 土壌・地下水汚染防止および修復の技術的対策にどのようなものがあるか調べよ．（キーワード：客土，バイオレメディエイション，ガス吸収，など）

4章 廃棄物

4.1 廃棄物概説
4.1.1 廃棄物の分類

廃棄物の分類を図2.4.1に示す．廃棄物はまず一般の廃棄物と放射性廃棄物に分けられる．「廃棄物の処理及び清掃に関する法律」の対象になるのは一般の廃棄物であり，放射性廃棄物は対象としていない．そして，廃棄物は法律で次のように定義されている．

「廃棄物とは，ごみ，粗大ごみ，燃えがら，汚でい，ふん尿，廃油，廃酸，廃アルカリ，動物の死体その他の汚物又は不要物であって，固形状又は液状のものをいう」

また，一般の廃棄物のうち政令で定められた18種類とこれら18種類の廃棄物を処分するために処理したもの（たとえば，コンクリート固型化物など）が産業廃棄物とされており，それ以外の廃棄物はすべて一般廃棄物とされている．さらに，一般廃棄物，産業廃棄物のうち，爆発性，毒性，感染性などを有するものとして政令で定められたものを，特別管理一般廃棄物，特別管理産業廃棄物としている．法的には，産業廃棄物は，それを排出した事業者が自ら処理し，一般廃棄物については，市町村が収集，運搬，処分しなければならない，というのが原則である．

4.1.2 一般廃棄物の現況

一般廃棄物に分類されるものには，し尿とごみがある．

全国の1年間のごみ総排出量と1人1日当たりの平均排出量は，1995（平成7）年時点で，それぞれ約5000万t，約1.1 kgである．1985（昭和60）年時点のこれらの数値は，それぞれ約4300万t，約0.99 kgであった．総排出量

4章 廃棄物　91

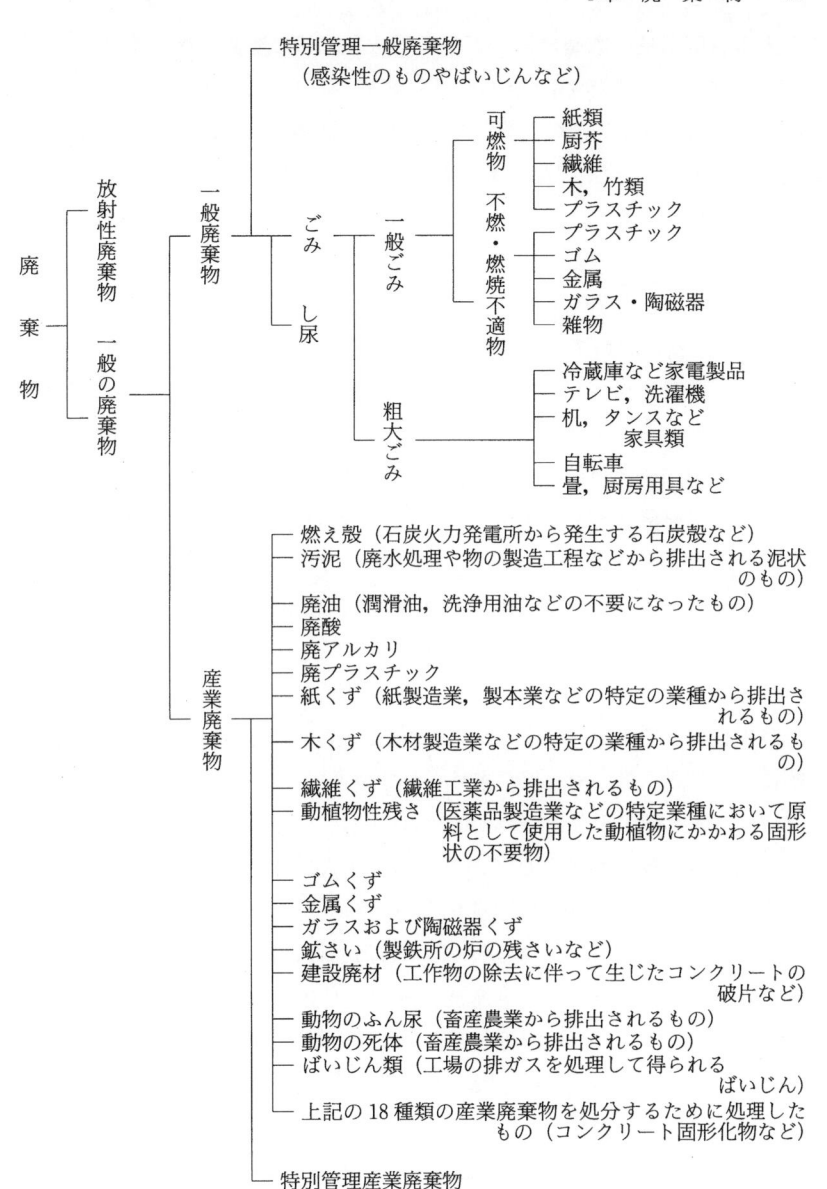

廃棄物
├─ 放射性廃棄物
└─ 一般の廃棄物
　├─ 一般廃棄物
　│　├─ 特別管理一般廃棄物
　│　│　（感染性のものやばいじんなど）
　│　└─ ごみ
　│　　├─ 一般ごみ
　│　　│　├─ 可燃物
　│　　│　│　├─ 紙類
　│　　│　│　├─ 厨芥
　│　　│　│　├─ 繊維
　│　　│　│　├─ 木，竹類
　│　　│　│　└─ プラスチック
　│　　│　└─ 不燃・燃焼不適物
　│　　│　　├─ プラスチック
　│　　│　　├─ ゴム
　│　　│　　├─ 金属
　│　　│　　├─ ガラス・陶磁器
　│　　│　　└─ 雑物
　│　　├─ し尿
　│　　└─ 粗大ごみ
　│　　　├─ 冷蔵庫など家電製品
　│　　　├─ テレビ，洗濯機
　│　　　├─ 机，タンスなど家具類
　│　　　├─ 自転車
　│　　　└─ 畳，厨房用具など
　└─ 産業廃棄物
　　├─ 燃え殻（石炭火力発電所から発生する石炭殻など）
　　├─ 汚泥（廃水処理や物の製造工程などから排出される泥状のもの）
　　├─ 廃油（潤滑油，洗浄用油などの不要になったもの）
　　├─ 廃酸
　　├─ 廃アルカリ
　　├─ 廃プラスチック
　　├─ 紙くず（紙製造業，製本業などの特定の業種から排出されるもの）
　　├─ 木くず（木材製造業などの特定の業種から排出されるもの）
　　├─ 繊維くず（繊維工業から排出されるもの）
　　├─ 動植物性残さ（医薬品製造業などの特定業種において原料として使用した動植物にかかわる固形状の不要物）
　　├─ ゴムくず
　　├─ 金属くず
　　├─ ガラスおよび陶磁器くず
　　├─ 鉱さい（製鉄所の炉の残さいなど）
　　├─ 建設廃材（工作物の除去に伴って生じたコンクリートの破片など）
　　├─ 動物のふん尿（畜産農業から排出されるもの）
　　├─ 動物の死体（畜産農業から排出されるもの）
　　├─ ばいじん類（工場の排ガスを処理して得られるばいじん）
　　├─ 上記の18種類の産業廃棄物を処分するために処理したもの（コンクリート固形化物など）
　　└─ 特別管理産業廃棄物
　　　　（感染性のものや水銀などを含む特定有害産業廃棄物など）

図2.4.1　廃棄物の分類

や1人1日排出量の数値には，ごみの受入れ基準の変更（たとえば，「合せ産廃」：市町村が一般廃棄物と合わせて処理できる産業廃棄物のこと，の受入れ抑制）や排出量推定方法の変更（たとえば，「清掃トン」：清掃車の数，による推定から「重量トン」：実測による表示，への変更），なども影響するが，ごみ排出量そのものが増加していることは間違いない．

　1995（平成7）年度の排出量の内訳は，可燃ごみが57%を占め，不燃ごみが9%である．粗大ごみは3%であるが，直接搬入ごみが11%あり，さらに混合ごみとして排出されているのが15%となっている．残り（5%）は自家処理量である．排出されたごみのうち，自家処理されるもの以外は，中間処理を経て最終処分される．中間処理は，焼却が76.2%と最も多く，直接埋立は12.0%である．中間処理に伴う資源化量は，5.7%程度であり，ごみとして排出されてからの資源化はあまり期待できない．最終処分量は，焼却残さも含めて排出量の26.8%，約1360万t/年である．これに対してごみ埋立処分地の残存容量は，1995（平成7）年度時点で約1億4200万m^3となっており，不燃ごみの単位容積重量を$0.3 t/m^3$として，最終処分量を約1360万t/年とすると，残存容量は約3年分余にすぎない．しかもこの残存容量は1986（昭和61）年度以降減少し続けている．こうしたことから，処分量の減量化とともに，より根本的にはごみ発生量の減量化が求められている．

　次に，し尿処理の現況について述べる．公共下水道の普及などによって，非水洗化人口は減少傾向を示しており，水洗化人口比率は1995（平成7）年度末で約75%である．しかし，水洗化人口比率のうち約21ポイントは，単独浄化槽によるものであり，公共用水域の水質汚濁防止という観点からは，この比率を小さくする必要がある．非水洗化人口のし尿のうち約86%は，し尿処理施設で処理されている．し尿処理方式には，嫌気性処理，好気性処理が多く用いられているが，近年標準脱窒素，高負荷方式，膜分離など新たな方式も用いられるようになってきた．

4.1.3　産業廃棄物の現況

　法律では，政令で定められた18種類の廃棄物とそれを処理したものが産業廃棄物と定められており，1995（平成7）年度のそれら種類別の排出量を図

2.4.2 に示した．排出量が多いのは，汚泥であり全体の 47%程度を占める．ついで動物のふん尿，建設廃材の順で，これら 3 種類で全体の約 80%を占めている．次に，業種別の排出量を図 2.4.3 に示した．種類として多かった汚泥は，

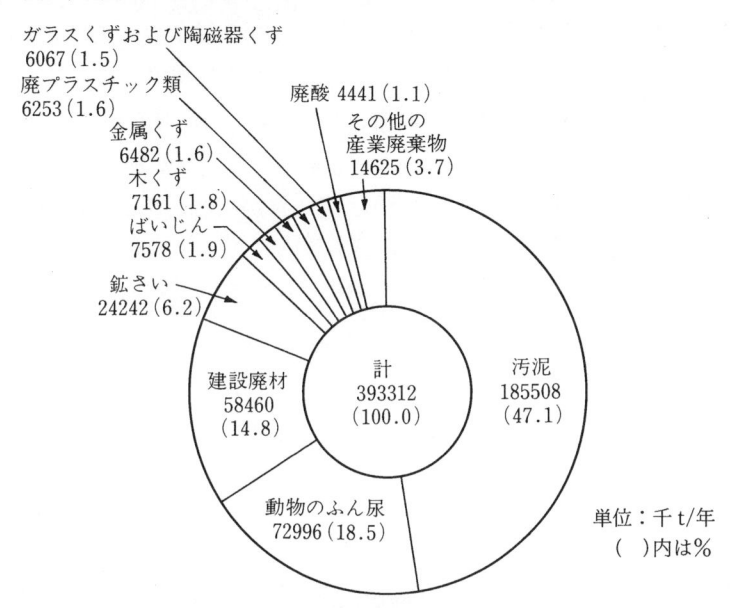

図 2.4.2 産業廃棄物の種類別排出量（1995 年度）

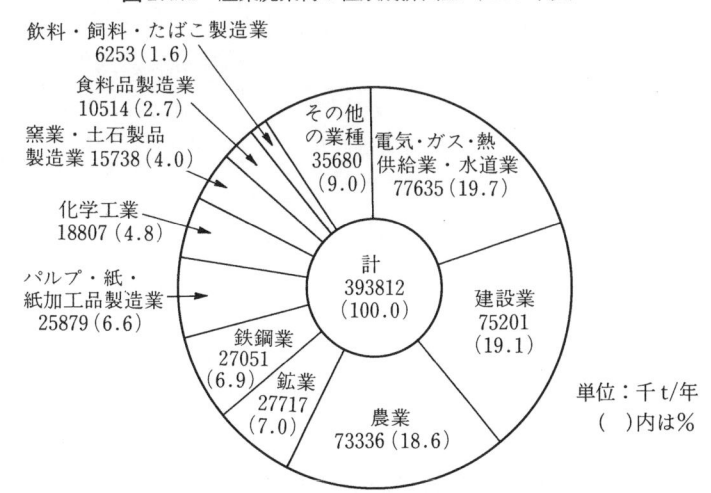

ガラスくずおよび陶磁器くず 6067(1.5)
廃プラスチック類 6253(1.6)
金属くず 6482(1.6)
木くず 7161(1.8)
ばいじん 7578(1.9)
鉱さい 24242(6.2)
建設廃材 58460(14.8)
動物のふん尿 72996(18.5)
汚泥 185508(47.1)
廃酸 4441(1.1)
その他の産業廃棄物 14625(3.7)
計 393312(100.0)
単位：千 t/年
（ ）内は%

図 2.4.3 産業廃棄物の業種別排出量（1995 年度）

飲料・飼料・たばこ製造業 6253(1.6)
食料品製造業 10514(2.7)
窯業・土石製品製造業 15738(4.0)
化学工業 18807(4.8)
パルプ・紙・紙加工品製造業 25879(6.6)
鉄鋼業 27051(6.9)
鉱業 27717(7.0)
農業 73336(18.6)
建設業 75201(19.1)
電気・ガス・熱供給業・水道業 77635(19.7)
その他の業種 35680(9.0)
計 393812(100.0)
単位：千 t/年
（ ）内は%

電気ガス水道業に分類されている．上下水道の水処理施設やパルプ，化学工業，食料品製造業など多様な業種から排出されている．動物のふん尿と建設廃材は，それぞれ農業，建設業から排出されており，排出業種としても上位を占めている．排出された産業廃棄物が処理されて最終処分されるフローを図2.4.4に示す．年間の排出量は約4億tであるが，約82％が再生利用されたり，減量化されたりして，最終処分量としては排出量の18％，6900万tとなっている．

産業廃棄物の再生利用率，減量化率，最終処分率を種類別に示したのが図2.4.5である．この図からわかるように，発生量が大きくて，しかも最終処分率が大きいのが建設廃材である．最終処分量のおよそ25％を建設廃材が占めていることになる．発生量の大きい汚泥は，減量化率が78％になっているが，

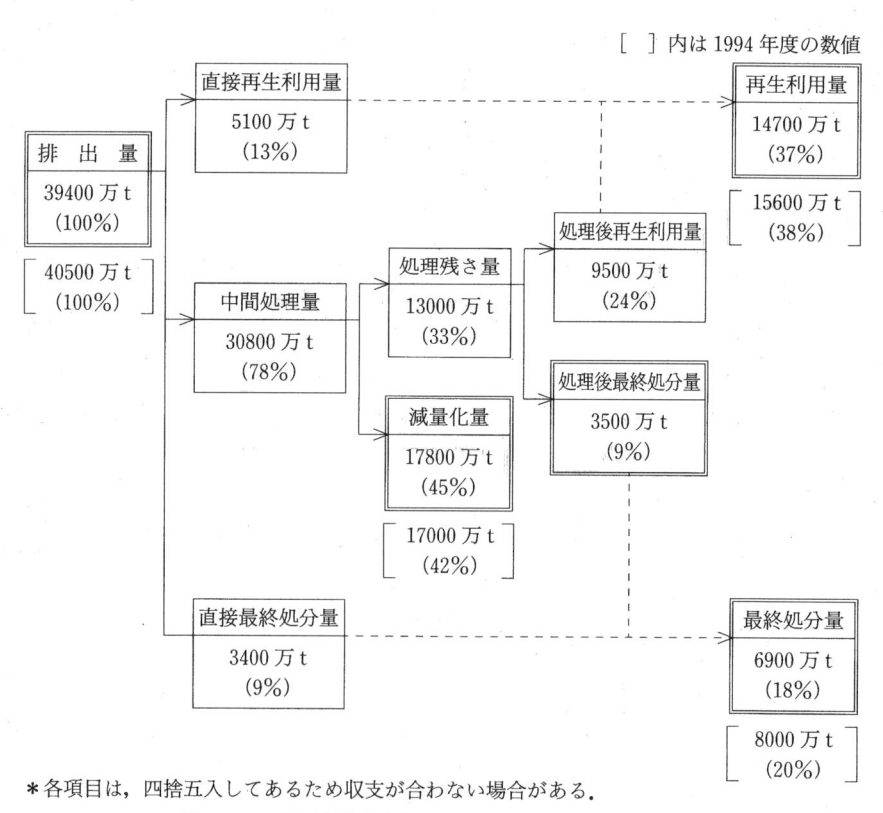

[ ] 内は1994年度の数値

```
排出量                直接再生利用量              再生利用量
39400万t              5100万t                  14700万t
(100%)                (13%)                    (37%)

[40500万t]                                     [15600万t]
[(100%)]                                       [(38%)]

                     中間処理量      処理残さ量      処理後再生利用量
                     30800万t       13000万t       9500万t
                     (78%)          (33%)          (24%)

                                    減量化量        処理後最終処分量
                                    17800万t       3500万t
                                    (45%)          (9%)

                                    [17000万t]
                                    [(42%)]

                     直接最終処分量                  最終処分量
                     3400万t                       6900万t
                     (9%)                          (18%)

                                                   [8000万t]
                                                   [(20%)]
```

＊各項目は，四捨五入してあるため収支が合わない場合がある．

図2.4.4　全国産業廃棄物の処理のフロー（1995年度）

4 章 廃棄物　95

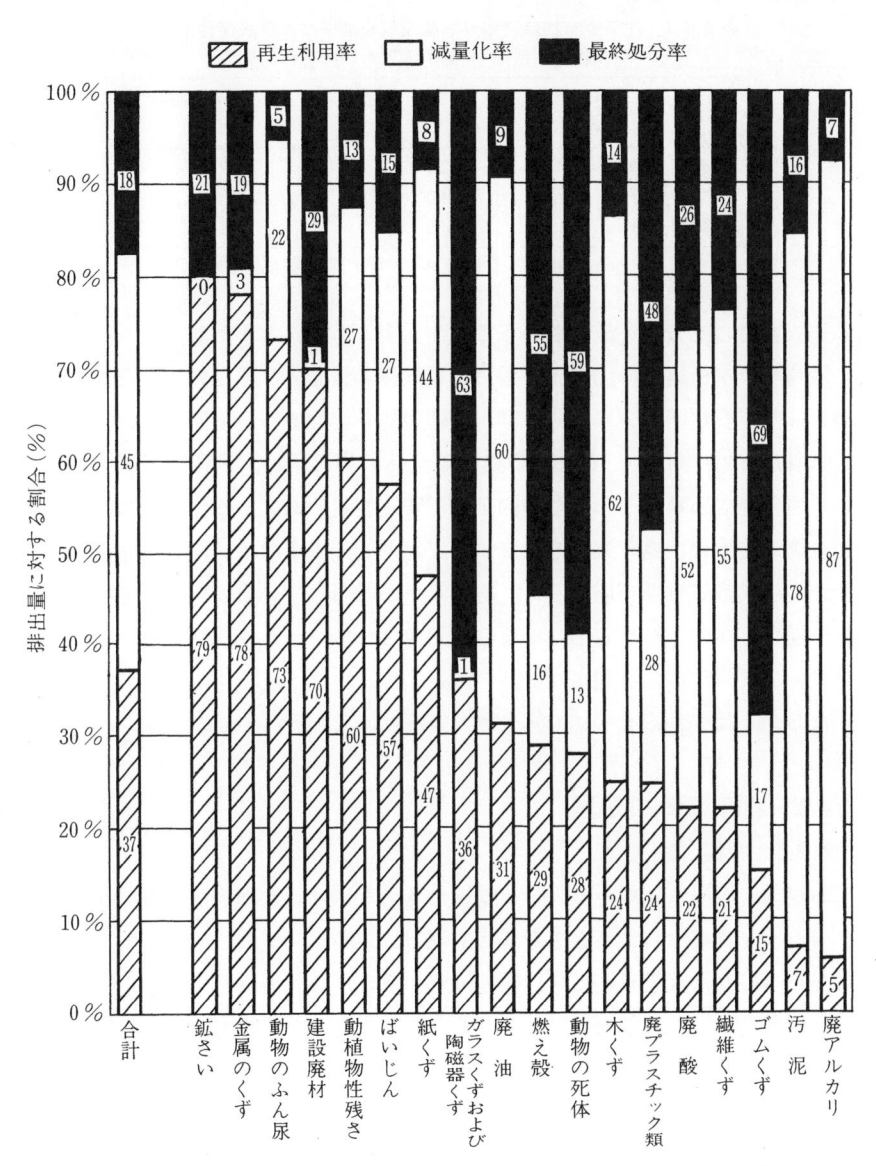

図2.4.5 産業廃棄物の種類別再生利用率，中間処理による減量化率および最終処分率

これは含水率を低下させることによっている．また，動物のふん尿も再生利用率が73%で，最終処分量は少ない．このようなことから，最終処分に関して

表 2.4.1　産業廃棄物最終処分場施設数の推移および残存容量
（廃棄物処理法第 15 条第 1 項の届出をした施設）

	1996 年	1992 年	残存容量（1996 年現在）(m^3)
遮断型処分場	43	37	38,560
安定型処分場	1688	1490	84,027,137
管理型処分場	1001	1003	125,774,042
合計	2732	2530	209,839,739

は建設廃材の処分量を減少させることが重要であることがわかる．

　産業廃棄物最終処分場の施設数および残存容量を表 2.4.1 に示した．処分場の約 6 割が安定型処分場で約 4 割が管理型処分場である．遮断型処分場の数は 1.6％程度にすぎない．これらの処分場全体の約 7 割は，処理業者が設置している処分場であり，そのうちの約 7 割が安定型処分場である．つまり，処分場数全体の約半分は処理業者の設置する安定型処分場になる．これに届出を要しない小規模の処分場を加えると，処理業者が設置している安定型処分場の数は，処分場数全体のかなりの割合になると想定される．一方，残存容量は，年間処分量の 2〜3 年分と見積もられている．

　なお，それぞれのタイプの処分場の詳細は，4.4 節で述べる．

4.2　都市ごみの処理
4.2.1　収集・輸送

　わが国で適用されている収集・輸送システムには，大別すると各戸収集とステーション収集，および直送方式と中継方式がある．これらのシステムの選択に当たっては，収集サービス目標の選定，たとえば，事業所などから排出される，産業廃棄物以外の廃棄物，つまり事業系ごみの収集範囲，収集の頻度，資源分別収集の設定などと，全体の処理システム，たとえば，プラスチックの焼却が可能かどうかなど，および地域特性などが考慮される．とくに，分別収集の設定は，ごみの発生・排出抑制や減量化を促進するためにも重要である．1991（平成 3）年の調査による分別収集の実態は，2〜3 分別収集が全体の 76％であるが，今後さらに多種分別へと移行するものと考えられる．

　収集・輸送機材の主流は車両である．都市ごみを収集・輸送する車両には，

ダンプ車，機械式ごみ収集車，脱着装置付きコンテナ車があるが，多くの場合はパッカー車と呼ばれる機械式ごみ収集車であり，しかも2トン車クラスの小型車が約6割を占めている．しかし最近の傾向として，収集の効率化を追求する観点から大型化が指向され，10トン車クラスも使用されている．ごみ収集がコンテナ方式の場合は，コンテナ傾斜装置付きパッカー車またはコンテナ自動車を使用する．この収集方式は，作業の機械化・効率化が図れ，衛生面でも改善されるといった利点をもち，集合住宅などで使われている．また，収集車両の電動化は，ごみ焼却工場で発電されたエネルギーを利用できることや，低騒音で排気ガスがないことなど，ごみ収集地域の環境保全面でも利点が多いことから，その実現が待たれている．

自動化された収集・輸送システムとして，管路による真空輸送やカプセル輸送が，パイロット事業，モデル事業として導入されている．

4.2.2 再資源化技術

収集された混合ごみや分別収集された資源ごみから行われる資源化を類型分けすると，図2.4.6のように整理できる．再資源化のための技術は，破砕・選別・乾燥といった一次処理技術と，その後の回収物の純度をあげるための技術や物質変換技術といった二次処理技術とに分けられる．

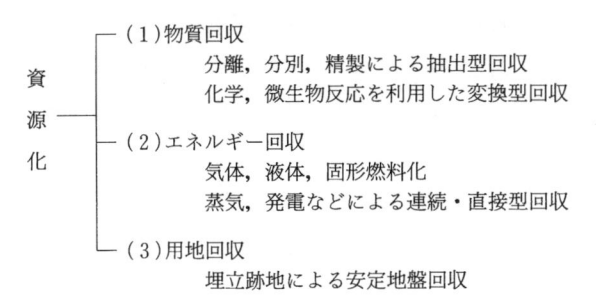

```
資源化 ┬ (1) 物質回収
       │      分離，分別，精製による抽出型回収
       │      化学，微生物反応を利用した変換型回収
       ├ (2) エネルギー回収
       │      気体，液体，固形燃料化
       │      蒸気，発電などによる連続・直接型回収
       └ (3) 用地回収
              埋立跡地による安定地盤回収
```

図2.4.6 ごみ資源化の類型

(1) 一次処理技術

一次処理プロセスには，破砕，選別，乾燥などがある．

破砕は，資源化プロセスの処理効率の均一化，安定化のために必要とされるだけでなく，埋立効率の向上につながる見かけ比重の増加，選別プロセスの効

率向上のための特定成分の分離，焼却における燃焼効果の促進のためにも必要とされるプロセスである．破砕プロセスで使われている破砕機には，回転破砕機，切断機，圧縮機があり，廃棄物の特性に応じて使用される．

選別は資源化プロセスのなかの最も重要なプロセスの一つである．選別装置の形式には，ふるい分け，比重差，風力，磁気，渦電流などを利用するものがある．このなかで，ふるい分け選別は，対象物の粒径によって分別するものであり，風力選別は，廃棄物中の重質分（金属，ガラス，土砂など）と軽質分（紙，プラスチック，繊維など）とを分離するのに用いられる．磁気選別は，鉄分（磁性鉄）の分離に用いられ，渦電流選別装置は，良電導性物質（アルミニウム，銅などの非磁性金属）に渦電流を生じさせ，これらと非金属物質を分離するのに用いられる．さらに，プラスチックを種類別に選別するための溶剤選別技術やガラスを色別に分けるための光学選別技術などの開発が行われている．なお，ごみ排出の際の分別排出は，最も重要な選別プロセスであるということができる．

廃棄物の乾燥は，輸送・貯蔵をしやすくし，破砕・選別プロセスを効率化するために行われる．一般に，乾燥は加熱方式によって行われるが，表面水分に比べて内部水分の除去は時間がかかる．このため，滞留時間の長い乾燥装置が必要となる．また，乾燥排ガスには臭気成分が含まれることが多いため，排ガスの脱臭が必要となる．乾燥装置には，熱風を廃棄物層内に通過させる通気乾燥装置，回転する円筒内で廃棄物と熱風とを接触させる回転乾燥装置，下方より送られた熱風中に粉粒状の廃棄物を流動させる流動層乾燥装置などがある．

（2） 二次処理技術

廃棄物資源化のための二次処理技術として，ここでは物質変換技術である，高速堆肥化，固形燃料化，建設資材化の三つをとりあげる．

高速堆肥化は，強制的な通気と機械的な切返しを行うことによって，有機物を好気的に発酵させ，約40日程度で堆肥化するものである．したがって，発酵槽には通気機構，切返し混合機構，移送機構が必要である．発酵の監視項目には，温度，酸素濃度，pH，含水率がある．このうち，最も重要な監視項目は，発酵温度であり，55〜60℃で良好な発酵速度が維持でき，あわせて有害微生物の殺菌，害虫の殺卵効果が得られる．また，酸素濃度は10%以下，pHは

8～9，含水率は50～55%が最適範囲とされている．これらの監視項目を最適範囲に制御するには，送気量や水分調整などのための添加物の量，発酵した堆肥化物の返送量がコントロールされる．

廃棄物を燃料として使用する場合，燃料として供される可燃ごみすべてを，RDF（refuse derived fuel）と呼んでいる．RDF化の対象となる可燃ごみは，分別収集によって集められるのが一般的である．混合収集の場合は，選別プロセスによって不燃物を除去する必要がある．また，木くず，紙くず，廃プラスチックなど特定の廃棄物を対象にする場合もある．RDFのおもな製造法には，乾燥後，高密度に圧縮成形する方法と，添加剤（CaO）を加えて化学的処理をして成形する方法とがある．RDF化の技術的課題として，均一で高い発熱量をいかに確保するかということ，そして長期間の保存で変質せず，また悪臭などのないこと，特別の燃焼炉を必要としないことなどがあげられる．また，RDF利用をシステムとして有効にするためには，広域的なエネルギー利用システムを構築することも必要である．

ごみ焼却工場から発生する焼却灰に，溶融処理または焼成処理などを行って，スラグやれんがなどの建設資材をつくる方法がある．焼却灰を1300～1600℃の高温にすると，無機物が溶融してガラス質のスラグが生成する．これを溶融処理という．また，焼却灰を1000～1200℃程度にして，融点の低い物質を溶融，結合させてれんがやブロックを生成するのが，焼成処理である．焼却灰の性状によっては，前処理や焼成助剤の添加が必要となる．いずれにしろ，かなりの高温で処理するため，これに要するエネルギーは大きく，溶融の場合焼却灰1t当たり，600～700kWhの電力消費量といわれている．

4.2.3 焼 却

ごみの減量化，安定化，無害化そして埋立処分地の延命化などを目的に，ごみの焼却処理が，わが国では広く用いられている．焼却処理に必要な設備には，燃焼設備のほかに，電気・計装などの設備，受入れ・供給設備，燃焼排ガス処理設備，焼却灰などの処理設備などがあり，さらにごみのエネルギーを回収するための余熱利用設備なども含まれる．

ごみの燃焼方式は処理規模によって次のように使い分けられる．

		処理規模
連続燃焼式	全連続燃焼式	80 t/24 h 以上
	準連続燃焼式	40 t/16 h〜180 t/16 h
バッチ燃焼式	機械化バッチ燃焼式	100 t/8 h 以下
	固定火格子バッチ燃焼式	20 t/8 h 以下

（1） 焼却設備

　焼却設備には，ストーカ（火格子）方式と流動床方式とがあり，それぞれの特徴を表2.4.2，設備の概要を図2.4.7に示した．ストーカ方式は，小規模のものから大規模のものにまで使用されており，建設実績で約7割を占めている．

　焼却における技術的ポイントの一つは，燃料すなわちごみの質的条件の設定である．最近の焼却されるごみには，紙やプラスチックが多く含まれ，そのことによってごみの発熱量が1500〜2000 kcal/kg 生ごみ程度となっている．この値は，石炭・石油のほぼ1/5程度であり，ごみだけで自燃できる状態になっている．

　また，焼却設備の運転管理状態を把握するのに，熱しゃく減量という指標が

表2.4.2　ストーカ焼却炉，流動床式焼却炉の特徴

比較項目	ストーカ焼却炉	流動床式焼却炉
燃焼形態	ストーカ上に投入されたごみは，約1.5時間をかけて燃焼する．	流動床上に投入されたごみは，流動砂（約600°C）の放射熱によりほぼ瞬間的に熱分解，ガス化し，燃焼する．
長　　所	安定燃焼する．大型炉に適している．	熱容量の大きな流動砂を保有しているため，炉の起動・停止が容易である．間欠運転にも適している．
短　　所	炉の起動・停止に時間を要する．	瞬間燃焼のためごみの供給しだいでは燃焼特性が変動する．
供給ごみ	供給ごみの形状や大きさに制約が小さい．	供給ごみの形状や大きさに制約が大きい．
不 燃 物	ストーカ上で燃焼したごみは灰となり排出されるが，一部の軽い灰は燃焼用空気に吹き上げられてダストとして排出される．吹き上げられるダスト量はごみ中の不燃物の1割程度である．焼却残灰が多く，集じんダストは少ない．	流動砂は流動時比重約1.0となる．したがって，流動床の下部から排出される不燃物は比重1.0以上のものに限定される．鉄，ガラス片，がれきなどが下部から排出し，その他のものは大部分ガス中のダストとなる．焼却残灰が少なく，集じんダストは多い．

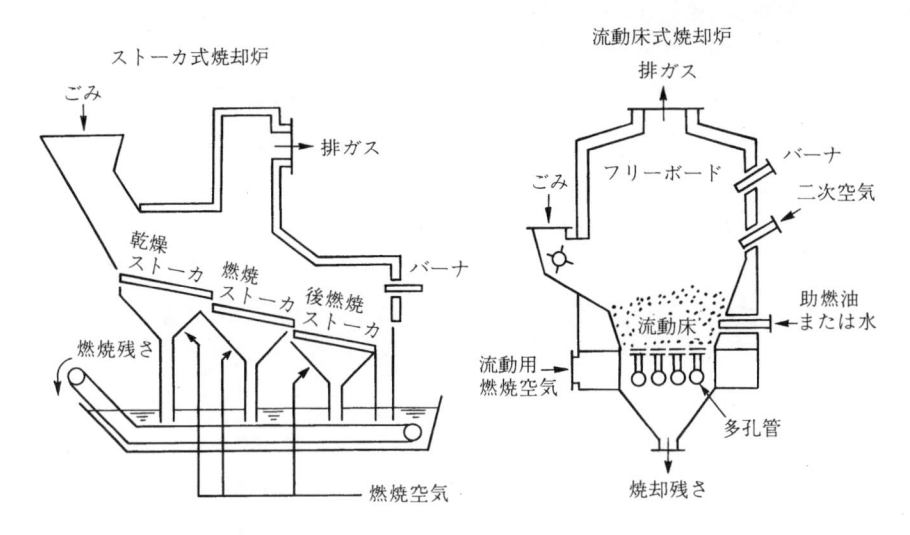

図2.4.7 焼却設備の概要

用いられる．これは，焼却残さ中に残っている未燃分の重量パーセントを表しており，熱しゃく減量が小さいほど良好な焼却ができたことを示すものである．施設の規模と焼却炉の形式に応じた熱しゃく減量の値は，バッチ燃焼炉の場合は10％以下，連続燃焼炉の場合は7％以下（ただし，処理規模が200 t／日以上の場合は5％以下）と定められている．

（2） 排ガス処理

ごみを焼却したときの排ガス中には，さまざまの物質が含まれている可能性が高い．それらの物質としては，大気汚染防止法による規制物質はもちろん，そのほかにも，水銀などの重金属類やダイオキシン類などがある．ばいじんや硫黄酸化物，窒素酸化物の処理については，大気汚染防止対策として，第2編2章で述べられている．ここでは，ごみの焼却に特有な排出物質である，塩化水素とダイオキシンの対策について述べる．

排ガス中の塩化水素は，主として塩化ビニル系のプラスチックの燃焼によって発生する．この物質は，大気汚染物質であるとともに，金属を腐食させるため，焼却施設の維持管理上からも対策が必要とされている．排ガス中の塩化水素濃度は，ごみの収集の仕方によって影響され，プラスチック類を混合収集し

ている場合は，平均500〜800 ppm程度になるが，プラスチック混入率がゼロであっても，100〜150 ppm程度になっている．塩化水素の処理法として多用されているのが乾式法である．これは，焼却炉内に炭酸カルシウム（$CaCO_3$），またはドロマイト（$CaCO_3 \cdot MgCO_3$）を吹き込む方式や，煙道内に消石灰（$Ca(OH)_2$）を吹き込む方式である．これによって，排出される塩化水素濃度を100〜400 ppm程度にできるとされている．排出基準の厳しい大都市などでは，湿式法（水酸化ナトリウム溶液などによる排ガス洗浄）が用いられている．また，近年塩化水素の除去と同時に硫黄酸化物，重金属類，ばいじん，ダイオキシンの同時除去を目的に，乾式あるいは半乾式バグフィルタ法を採用する例が増えている．

ダイオキシン類の構造と異性体を図2.4.8に示す．ダイオキシンとは，炭素，水素，塩素，酸素の4種類の元素からなる有機塩素化合物で，ポリクロロジベンゾパラジオキシン（poly chloro dibenzo-p-dioxin：PCDDs）の略称である．化学構造的には二つのベンゼン環が二つの酸素原子によって結合されたもの（ジベンゾパラジオキシン）であり，そのなかの水素のいくつかが塩素に置き

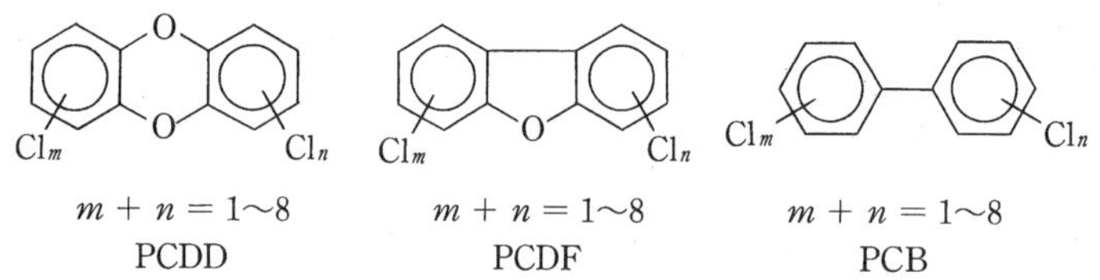

塩素数	異性体の数 PCDD ($m+n=1$〜8)	異性体の数 PCDF ($m+n=1$〜8)	異性体の数 PCB ($m+n=1$〜8)
1	2	4	3
2	10	16	12
3	14	28	24
4	22	38	42
5	14	28	46
6	10	16	42
7	2	4	24
8	1	1	12
9			3
10			1
計	75	135	209

図2.4.8 ダイオキシン類の化学構造と異性体数

換わったものである．塩素がつく位置の違いなどによって多くの種類があり，75個の同族体，異性体をもつ．このほか，性質のよく似たポリクロロジベンゾフラン（PCDFs）やコプラナーPCBを含めてダイオキシン類と総称している．

　ダイオキシン類は，ヒトや動物の遺伝子に作用し，肝機能や腎機能不全，発ガン，出産異常などを起こすという毒性をもっている．毒性を評価するときは，PCDDsの四塩化物，テトラクロロジベンゾパラジオキシン（T4CDDs）のうち毒性の強い2,3,7,8-T4CDDsを基準として，毒性等価換算値（TEQ, toxic equivalent quantity）を用いている．焼却設備でのダイオキシン類の生成には，炉内での生成と炉を出た後での生成がある．炉内ではごみの燃焼の初期に発生する炭化水素の酸化分解が不十分なときに，ダイオキシン類やその前駆体が生成し，その前駆体が炉を出た後，ばいじんなどに含まれる銅や鉄などを触媒としてダイオキシン類が生成される．1997（平成9）年に，厚生省が行った全国のごみ焼却場を対象にしたダイオキシン発生調査の結果が公表され，900 ng/Nm^{3}を最高濃度として，72施設で暫定基準値（80 ng/Nm^3）を越えていることが明らかとなった．

　こうした状況や，1996（平成8）年にダイオキシンの毒性評価によって，厚生省が当面の耐容1日摂取量（TDI, tolerable daily intake：健康影響の観点から，人間が一生涯摂取しても耐容されると判断される，1日当たり，体重1kg当たりの量）を10 pg-TEQ/kg/dayと提案したことなどを受けて，施設の運転中止も含めて対応が行われた．そして，ごみ焼却炉運転管理の新たなガイドラインが設定され，排出抑制基準値が設定された．このなかで，ダイオキシン類の発生を抑制するため，燃焼温度を850℃以上とすること，燃焼ガスの炉内滞留時間を2秒以上とすること，一酸化炭素濃度を30 ppm以下とすることによってごみの完全燃焼を図ることが求められている．また，燃焼を安定させるため，長期間の連続運転が必要であるとされ，電気集じん機の温度も200℃くらいに下げることが求められている．さらに，発生したダイオキシンの除去技術についてもバグフィルタでのろ過，活性炭吸着，放電分解などの開発が進められている．ごみ焼却施設にかかわるダイオキシン類の排出抑制基準値などを表2.4.3に示す．

表 2.4.3　ダイオキシン類の排出基準値など一覧

項　目		所管官庁	基準値など	備　考
TDI			4 pg-TEQ/kg·bw/日	人間が一生涯摂取しても耐容されると判断される量
			(1~4 pg-TEQ/kg·bw/日)	WHO の基準
排出基準	緊急対策	厚生省	80 ng-TEQ/m³	(既設炉, 平成 14 年 11 月 30 日まで) *詳細は別表
	恒久対策		0.1 ng/-TEQ/m³	(新設炉, 4 t/h 以上)　*詳細は別表
大気環境濃度指針値		環境庁	0.8 pg-TEQ/m³	
作業環境管理基準		労働省	2.5 pg-TEQ/m³	ごみ焼却施設における職場空気中の管理すべき濃度
土壌中暫定ガイドライン		環境庁	1000 pg-TEQ/g	土壌中のダイオキシン類に関する検討会中間報告

別表　排出基準の詳細　　　　　　　　　(単位：ng-TEQ/m³)

燃焼室の処理能力	新設施設 (平成9年12月1日~)	既存施設		
		1 年後まで (平成9年12月1日~平成10年11月30日)	1~5 年後まで (平成10年12月1日~平成14年11月30日)	5 年後以降 (平成14年12月1日~)
4 t/h 以上	0.1	基準の適用を猶予	80	1
2~4 t/h	1			5
2 t/h 未満	5			10

なお，日本のダイオキシン類の規制については，1999（平成 11）年 6 月にダイオキシン対策法が成立し，その中で TDI が見直され，4 pg-TEQ/kg/day となった．そして，土壌や大気の環境基準の見直しが行われている．

(3) 焼却灰・ばいじん処理

ごみの焼却によって約 95％程度は減容されるものの，5％程度の焼却灰が残る．また，排ガスの処理で，集じん設備によって捕集されたばいじん（飛灰，フライアッシュともいう）も残る．これらは最終的に埋立処分されなければならないが，そのためには，重金属類の溶出に関する埋立基準を満足するような処理，すなわち無害化処理が行われなければならない．また，埋立処分地の確保が困難であることから，焼却灰やばいじんにおいてさえも減量化が求められている．

一般に，焼却灰中に含まれるおもな重金属の濃度は，Pb：約 950 mg/kg，Zn：約 3300 mg/kg，Cr：約 250 mg/kg 程度であり，さらに溶出試験で埋立基準値を越える例は少ない．これに対してばいじんは，重金属濃度が高く，焼却灰の 3 倍程度の数値が得られている．そのためばいじんは特別管理一般廃棄物に指定されており，無処理での埋立や海洋投入処分が禁止されている．

ばいじんを安定化するための処理には，溶融固化，セメント固化，薬剤処理，酸抽出・不溶化法，のような方法がある．

このうち，溶融固化については，資源化技術としての建設資材化のための溶融処理と同じである．スラグ固形物のなかに重金属類を封入し，あわせて減容化される．セメント固化は，セメント中のケイ酸カルシウムなどが水と反応して硬化するもので，あわせてセメントのアルカリ成分によって有害物質の難溶性化合物を生成させて有害物質を固定する方法である．薬剤処理は，キレート剤を加えて不溶性の重金属キレート化合物を生成させる方法である．酸抽出・不溶化法も酸で重金属を抽出した後，水硫化ソーダやカ性ソーダを加えて，硫化物，水酸化物として不溶化させるものである．

(4) 余熱利用技術

ごみの焼却によって生じた熱を利用することは，サーマルリサイクルというごみの資源化と考えることができる．

熱の回収形態には，加熱空気，温水，蒸気があり，それに必要な熱交換設備はそれぞれ，空気余熱器，温水発生器，廃熱ボイラがある．回収された熱は，直接利用されるか，電力などに変換されて利用される．このうち，電力は使いやすいエネルギーであり，しかも最近，ごみ発電による売電方式が多く採用されるようになって，高効率化のための技術開発が行われるようになった．また，傾斜機能材料の開発によって熱電変換効率を高め，中小規模の焼却施設における発電を目指した技術開発も行われている．

4.3 産業廃棄物の処理

表 2.4.4 に，廃棄物処理法に基づく届出がなされた産業廃棄物中間処理施設数を，種類別，事業主体別に示した．中間処理施設の半数近くは，排出事業者自らが設置している汚泥脱水施設である．処理業者，公共団体などの事業主体

表2.4.4 産業廃棄物の中間処理施設の施設数

(全国・1992年4月現在)

事業主体 施設名	事業者	処理業者	公共	計
汚泥の脱水施設	4910	375	824	6109
汚泥の乾燥施設（機械）	111	57	53	221
汚泥の乾燥施設（天日）	26	12	48	86
汚泥の焼却施設	330	146	94	570
廃油の油水分離施設	141	137	2	280
廃油の焼却施設	298	227	2	527
廃酸・廃アルカリの中和施設	217	31	0	248
廃プラスチックの破砕施設	62	175	7	244
廃プラスチックの焼却施設	1154	631	19	1804
コンクリート固型化施設	19	47	3	69
水銀を含む汚泥のばい焼施設	0	2	0	2
シアンの分解施設	226	44	10	280
計	7494	1884	1062	10440

注) 1 法第15条第1項の届出をした施設である．
    2 公共とは，国，地方公共団体，地方公共団体の行う上下水道・工業用水道事業および公共関与している法人をさす．

も含めて，そのほかの汚泥処理施設も合計すると，産業廃棄物処理施設の約67％が汚泥処理施設であることになる．そのほかでは，廃プラスチックの破砕・焼却施設が約20％を占めている．産業廃棄物の中間処理量の多くが，汚泥の減量化によっていることが，処理施設の数にも表れている．

中間処理の目的とそれぞれの要素技術は次のようにまとめられる．
① 減量化：濃縮，脱水，乾燥，破砕，圧縮など
② 安定化：焼却，熱分解，溶融，コンクリート固形化など
③ 安全・無害化：焼却，滅菌，分解，中和など
④ 資源化：資源回収技術

これらの技術のうち，焼却や溶融，資源化技術などは4.2節都市ごみの処理において述べたので，ここでは減量化技術と中和をとりあげる．

4.3.1 濃縮

濃縮操作には，重力濃縮と遠心濃縮，浮上濃縮がある．重力濃縮，浮上濃縮

は，液状廃棄物（汚泥）に含まれる固形物と液体の密度差を利用して固形物を分離する方法である．また遠心濃縮は，その密度差が小さい場合などに遠心力を利用して固液分離する方法である．

4.3.2 脱 水

汚泥中から水分を除去する操作を脱水という．脱水は脱水機を用いて行われるが，その種類には，真空脱水機，加圧脱水機，遠心脱水機，ベルトプレス脱水機などがある．脱水操作を行うにあたって，脱水性を向上させるため，一般に汚泥の調質を行う．調質方法としては，水洗いや薬品添加，凍結融解などがあるが，薬品添加が多く用いられている．

汚泥の調質に多く用いられる薬品には，無機凝集剤（塩化第二鉄や硫酸第一鉄などと消石灰などの凝集助剤）と有機凝集剤とがある．無機凝集剤は，一般に添加量が固形物量当たり，10％～50％程度となり，脱水後の汚泥量の増加や焼却する場合の発熱量の低下が問題となる．有機凝集剤は高分子の薬品でノニオン性，アニオン性，カチオン性がある．遠心脱水機やベルトプレス脱水機によって脱水する場合は，高分子凝集剤が用いられる．

真空脱水，加圧脱水は，多孔性の物体（ろ材）の両側に圧力差（ろ過圧）を与え，汚泥中の固形物と液体とに分離する方法である．また，遠心脱水は，圧力差の代わりに遠心力を与えて分離する方法である．ベルトプレス脱水は，重力脱水やろ布の張力，ロールの圧搾，せん断力などを利用して固液分離する方法である．

4.3.3 乾 燥

乾燥操作は，熱によって水分を気化蒸発させて固液分離する方法である．廃棄物の有効利用を図るうえで，機械的な固液分離で得られる含水率より低い含水率が必要な場合や，焼却，溶融などの前処理として用いられる．熱を利用するため乾燥プロセスはかなりコストが高くなるが，敷地面積などに十分余裕があれば，天日乾燥が有効である．

乾燥装置は，多種多様であるが，受熱方式には熱風受熱方式と伝導受熱方式の2種類がある．

4.3.4 破砕・圧縮

破砕・圧縮操作は,廃棄物の寸法,容積を減少させ,運搬やその後の処理・処分を容易にしたり,廃棄物資源化のための分離・選別を容易にしたりすることを目的としている.

4.3.5 中　和

中和処理は,廃酸,廃アルカリの処理法であるが,廃棄物処理法では,水溶液状の廃棄物で,pHが7未満を廃酸,pHが7より高いものを廃アルカリと指定している.したがって,化学的に定義された酸,アルカリを全く含んでいなくても,pHの値によって,廃酸か廃アルカリとなる.たとえば,写真定着液や有機合成工業廃液には,酸やアルカリを含まないが,pHが7未満あるいは7を越えて廃酸,廃アルカリとなるものがある.一般に,酸,アルカリを中性付近にまでpH調整することを中和処理という.

中和反応とは,酸とアルカリを反応させて塩と水ができる反応である.中和反応は,廃酸,廃アルカリ処理に必要であるが,廃酸,廃アルカリにさまざまな物質が含まれていることが多いため,それだけでは各種の規制を満足できないことが多い.また,中和反応,とくに,揮発性弱酸の塩類が混入している廃アルカリを強酸で中和するとき,各種の有毒ガスが発生して事故になる場合がある.これを防ぐには,酸化分解や還元による前処理によって安定な物質に変化させることが必要である.

4.4　廃棄物の処分

廃棄物の処分とは,これまで,廃棄物を自然環境中で安定化,無害化させることを意図してきた行為である.その方法として,海洋投入処分と埋立処分があるが,海洋投入処分は,海洋汚染防止の観点から,原則禁止となり,今後は埋立処分が中心となる.埋立処分における自然環境中での安定化,無害化とは,基本的に生態系の物質循環機能を利用したものであり,分解性の有機物が廃棄物の中心であれば,その意図が達成されることになる.しかし,近年の廃棄物は質が多様化しており,生態系の物質循環によって安定化されるものが中心ではなくなってきている.場合によっては,その廃棄物の有害性のため,自然環

境から隔離するために埋立処分を行う，ということも意図されるようになっている．したがって，現在の廃棄物処分の考え方は，埋め立てられる廃棄物の質に応じた埋立方法によって，安定化を図ったり，周辺環境への影響を軽減したりすることであるといえよう．

4.4.1 一般廃棄物の埋立処分

一般廃棄物の埋立処分物には，多かれ少なかれ分解性の有機物が含まれる．そのため，埋立地の安定化には微生物の活動が大きな影響を与える．微生物による有機物の分解は，基本的に嫌気性分解と好気性分解とに分類される．したがって，埋立地内部の雰囲気が嫌気的か好気的かということが安定化に影響することになる．

埋立構造の分類を図2.4.9に示した．また，埋立構造による浸出水BODの経時変化の違いを図2.4.10に示した．この図から，埋立構造を好気的にすることによって安定化が早まることがわかる．また，安定化をさらに早めるために浸出水を埋立地に返送する循環方式の開発も行われている．

最終処分場としての埋立地を構成する主要施設は，廃棄物の貯留などを目的とする貯留構造物，浸出水の地下水への混入などを防止するための遮水施設，浸出水の集排水処理施設，埋立地から発生するガスの処理施設である．このうち遮水施設は，処分場をめぐる問題の多くが，地下水汚染と関連していることから，現実的な重要性をもっている．遮水工には，埋立地の地盤が岩盤や難透

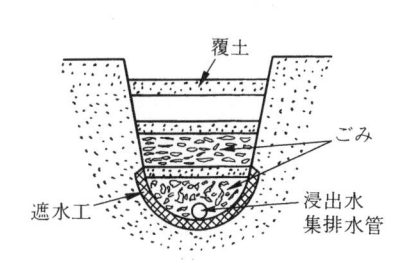

嫌気的な埋立
（ごみ層内部で嫌気的分解が生じる）

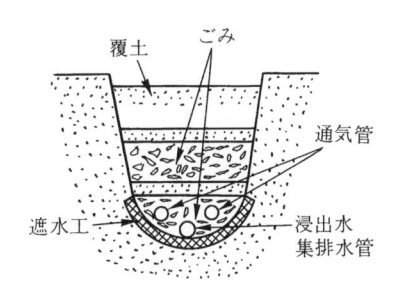

好気的な埋立
（埋立地下部に通気管を通すなどによって，ごみ層内部を好気的条件に保つ）

図2.4.9　埋立構造の例

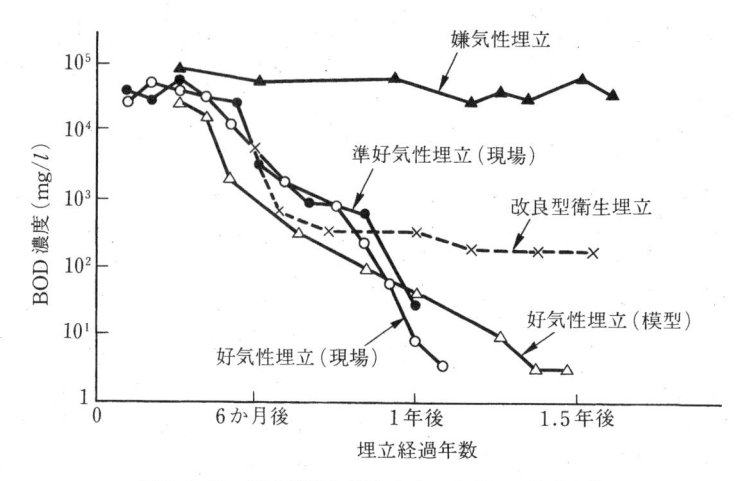

図2.4.10 埋立構造と浸出水中のBODの経時変化

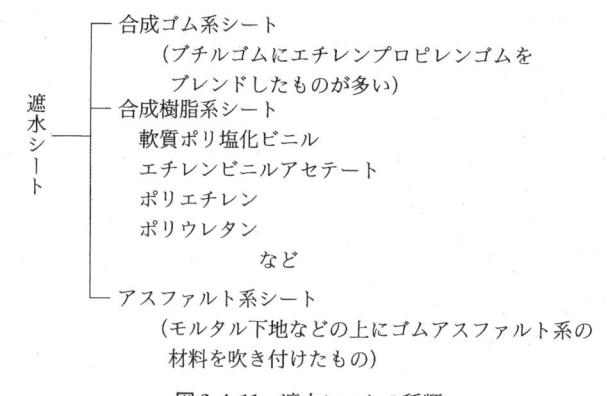

```
         ┌─ 合成ゴム系シート
         │    (ブチルゴムにエチレンプロピレンゴムを
         │     ブレンドしたものが多い)
遮水     ├─ 合成樹脂系シート
シート   │    軟質ポリ塩化ビニル
         │    エチレンビニルアセテート
         │    ポリエチレン
         │    ポリウレタン
         │         など
         └─ アスファルト系シート
              (モルタル下地などの上にゴムアスファルト系の
               材料を吹き付けたもの)
```

図2.4.11 遮水シートの種類

水性である場合に，浸出水の水平方向の移動を阻止するために鋼矢板や連続地中壁を設置する鉛直遮水工と，埋立地内の地盤の透水係数が大きいために遮水が必要な場合に，遮水材料を埋立地の地表面に敷設する表面遮水工とがある．表面遮水工のなかで多用されているのが，遮水シート工法である．最終処分場に使用されている遮水シートの種類を図2.4.11に示す．遮水シートの選定に当たっては，遮水性能を考慮することは当然であるが，廃棄物埋立地に使用することから次のような条件を考慮することが必要である．

① 埋立廃棄物の種類，荷重

② 埋立地の地形や地質
③ 施工条件（下地成形，地盤改良，地下水や浸出水の集排水施設，遮水シートの保護層など）
④ 埋立作業条件

遮水シートの選定は，これらの条件と建設コストなどを考慮して行われるが，それでも，破損などの事故は皆無ではない．そこで，遮水機能のモニタリングや修復技術も重要である．モニタリングでは，電気的な方法が開発されており，修復方法についても，モニタリングと結びつけて漏水位置を確定し，埋立地の地形や地質，埋立廃棄物の深さなどを考慮して選定される．

また，遮水された浸出水などは，集排水施設によって排除される．

このように，遮水工，集排水施設，モニタリング施設は互いに関連しており，これら全体を遮水システムとして一体的に考えることが必要である．

4.4.2 産業廃棄物の埋立処分

産業廃棄物について，埋立処分基準が次のように定められている．
① 最終処分場（埋立地，海域）にそのまま埋立処分できるもの
② 最終処分するために，定められた処理（中間処理）をしなければならないもの
③ 産業廃棄物に一定の措置を加えながら処分できるもの
④ 最終処分できないもの

これらの産業廃棄物の埋立処分場を法的に分類すると，遮断型処分場，管理型処分場，安定型処分場の3種類となり，それぞれに埋め立てられる廃棄物や構造基準，維持管理基準が定められている．それらのうち主要なものを表2.4.5に示した．

（1） 遮断型処分場

図2.4.12に遮断型処分場の構造を示す．この処分場は，有害な重金属などを含む産業廃棄物のうち，定められた判定基準に適合しない廃棄物を対象にしている．したがって，処分場からの浸出水が公共用水域や地下水を汚染しないよう遮断されていなければならない．そのため，施設の構造基準は厳しいものになっている．また，維持管理についても地下水の水質モニタリングなどが義

表 2.4.5 産業廃棄物最終処分場の構造上，維持管理上のおもな留意事項

名　称	遮断型処分場	安定型処分場	管理型処分場
埋立廃棄物	有害な特別管理産業廃棄物	安定五品目（廃プラ，ゴム・金属くず，ガラスくず，陶磁器くず，建設廃材）	遮断型，安定型への埋立　廃棄物以外の産業廃棄物
構造上のおもな留意事項	埋立地以外からの地表水の流入を防止すること．外界と遮断できる仕切り設備を設置すること．処分場の面積，容積が一定規模以上の場合は，内部仕切り設備を設置すること．など	埋立地に，みだりに人が立ち入らないようにすること．地滑り，地盤沈下を防止すること．産業廃棄物処分場であることを表示すること． 廃棄物の流出を防止するため，土圧・地震力などに対して安全な擁壁などの設備を設置し，その設備の腐食を防止すること．	埋立地以外からの地表水の流入を防止すること．処分場から発生する浸出水の浸透を防止するため，遮断工を設置したり，必要な場合は浸出水の処理施設を設置すること．など
維持管理上のおもな留意事項	定期的に周辺の地下水水質検査を実施すること．仕切り設備，地表水流入防止設備などの機能を維持すること．閉鎖時は，外周仕切り設備と同様の覆いを設置すること．閉鎖区画について定期点検し，異常が生じるおそれのある場合は，必要な措置をとること．など	廃棄物の飛散，悪臭の発生などを防止すること．ネズミの生息，ハエなどの発生を防止すること．維持管理措置の記録を作成し，3年間保管すること．処分場を閉鎖するときは，浸出水による汚染の防止措置を確認すること．など 擁壁の定期点検，損壊防止措置を実施すること	遮水工の定期点検，効果の維持を図ること．定期的に周辺の地下水水質検査を実施すること．地表水流入防止設備などの機能を維持すること．浸出水処理施設の放流水の定期検査を実施するとともに，基準に適合させること．浸出水処理施設の定期点検および機能維持を図ること．腐敗性の廃棄物を埋め立てる場合，通気を図り，発生ガスを排除すること．埋立終了時は，約50 cmの覆土をして開口部を閉鎖したり，雨水の浸透を防止できるようなもので閉鎖すること．など

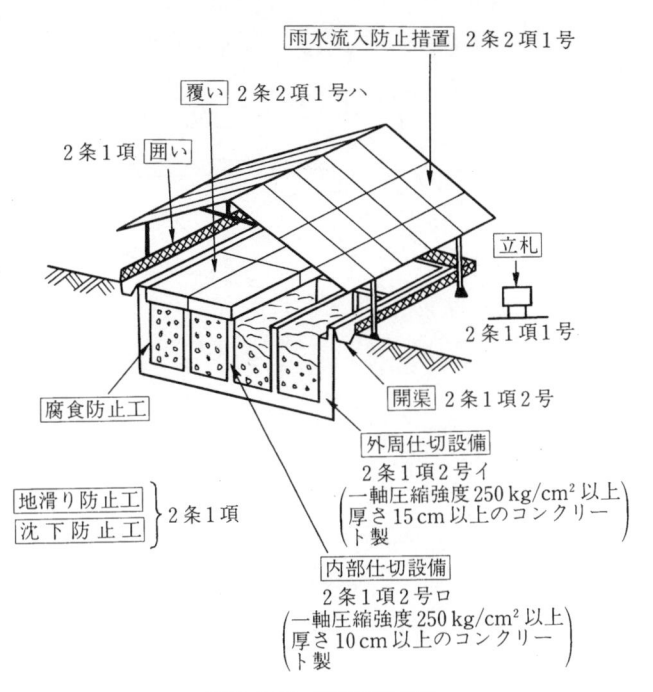

図2.4.12 遮断型処分場

務づけられている.

(2) 安定型処分場

図2.4.13に安定型処分場の構造を示す.この処分場は,ガラスくず,陶磁器くず,建設廃材など,廃棄後も分解しないいわゆる安定型産業廃棄物（安定五品目と称している）を対象にしている.このため,浸出汚水やガスの発生がないと考えられ,遮水工施設などの設置が義務づけられていない.しかし,安定型産業廃棄物とほかの産業廃棄物との分離が不十分だったり,あるいはまた,埋立面積の小さい安定型処分場は,設置許可が必要とされていないため,それらについての実態が把握されていないこともある.そのため,最終処分場に関するトラブルの多くは安定型処分場を対象にしたものが多い.こうしたことから,安定型最終処分場においても,遮水シートの設置をするよう指導要綱を定め,地下水汚染の防止を図っている自治体もある.また,現在安定型産業廃棄物とされている安定五品目の見直しの検討も行われている.

図 2.4.13 安定型最終処分場

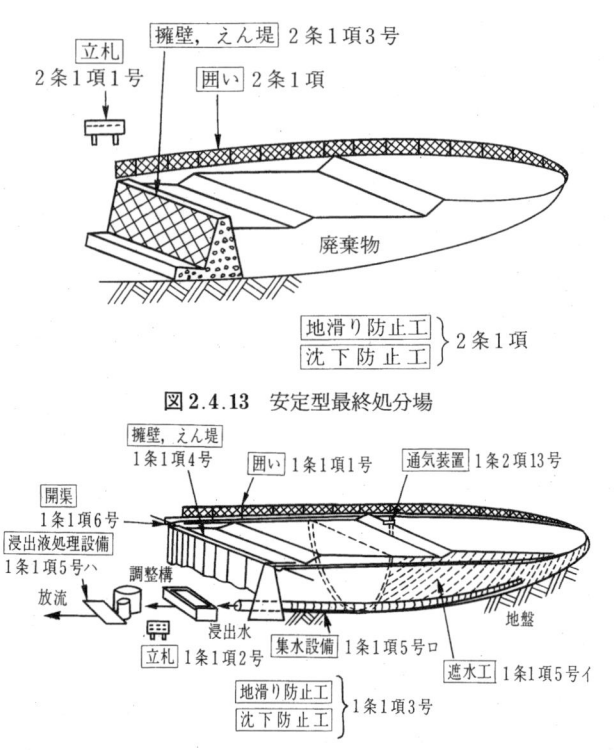

図 2.4.14 管理型最終処分場

(3) 管理型処分場

図 2.4.14 に管理型処分場の構造を示す．この処分場は，遮断型，安定型処分場の対象にならない廃棄物を対象にしている．埋立処分後に，分解・溶出などの変化を生じ，汚水浸出やガス発生の可能性があるため，通気装置や浸出液処理設備の設置が義務づけられており，十分な管理を必要とする処分場である．

なお，管理型処分場の設計は，一般廃棄物の最終処分場の設計基準に準じて行われている．

4.5 廃棄物管理

4.5.1 発生抑制

廃棄物を管理するには，廃棄物の処分，処理，排出，発生というそれぞれの

段階での管理が必要である．そして，現在の廃棄物問題を基本的に解決し，環境への負荷が小さい適性処理・処分をするためには，廃棄物の発生段階での管理がとりわけ重要である．

廃棄物の発生抑制とは，排出される以前の，廃棄物そのものをつくらないことである．それは，ものの製造における設計段階から，資源循環型の設計を行うことであり，また，資源が循環するような社会システムを構築することであり，資源循環型のライフスタイルが文化となることである．つまり，廃棄物の発生抑制とは，単に廃棄物分野だけの課題ではなく，人類社会のありようにかかわる課題であり，あらゆる分野で目指すべき方向であるといわなければならない．

4.5.2 リサイクル

廃棄物の発生抑制を目指しながらも，当面の課題として発生した廃棄物の適性処理・処分を図らなければならない．廃棄物の適性処理とは，公衆衛生や生活環境の保全上支障がないようにすることであり，そのためのさまざまな基準が「廃棄物の処理および清掃に関する法律（廃棄物処理法）」に定められている．一方，近年廃棄物の排出量が増加し，適性処理のための施設容量が不足する事態が多くなってきた．とくに，廃棄物最終処分場の残存容量は，急激に減少し，最終処分場への負荷を軽減することが急務となっている．このため，廃棄物最終処分量の減量化を図ることが必要となってきた．

こうした廃棄物の減量化と，有限資源の有効利用をおもな目的として，「再生資源の利用の促進に関する法律（リサイクル法）」が1991（平成3）年に制定された．このなかで，再生資源の利用の促進を図るための取組みを事業者に求めることができるように，特定業種，第一種指定製品，第二種指定製品，指定副産物が政令で定められている．特定業種とは，再生資源の原材料としてのリサイクル率を高めるため，事業者が施設の整備や技術の向上に努めることを求められているもので，紙製造業，ガラス容器製造業とともに，建設業が指定されている．建設業にかかわる再生資源は，土砂，コンクリートの塊，またはアスファルト・コンクリートの塊であり，これらはまた，木材とともに指定副産物にもなっている．指定副産物には，このほか，製鉄業などから発生するス

ラグ，電気業から発生する石炭灰があり，リサイクル促進のための努力が，事業者に求められている．

一般廃棄物のリサイクルに関しては，排出されたごみ量の，容積で約6割，重量でも約2割を占める，容器包装を対象に，「容器包装の分別収集及び再商品化の促進等に関する法律（容器包装リサイクル法）」が1995（平成7）年に制定された．この法律によって，アルミ缶・スチール缶などの缶容器，ガラスびん，牛乳パックなどの紙製容器，ペットボトル・トレーなどのプラスチック製容器などについて，市町村による分別収集，事業者による再商品化の促進が基本的な方向として定められた．

また，テレビ，冷蔵庫などの家庭電化製品のリサイクルを義務づける「特定家庭用機器再商品化法（家電リサイクル法）」が2001（平成13）年4月から施行されることとなった．

4.5.3 特別管理廃棄物（有害廃棄物）

一般廃棄物，産業廃棄物のそれぞれに，特別管理一般廃棄物と特別管理産業廃棄物が定められている．特別管理一般廃棄物には，廃エアコン，廃テレビ，廃電子レンジに含まれるPCBを使用した部品，一般廃棄物の焼却に伴って発生するばいじん，感染性の一般廃棄物が指定されている．また，特別管理産業廃棄物には，燃えやすい廃油，腐食性の強い廃酸，廃アルカリ，感染性の産業廃棄物，特定有害産業廃棄物が指定されている．特定有害産業廃棄物とは，廃PCBや廃石綿などと，有害物質として指定された重金属類や有機塩素化合物について判定基準に適合しないものをさしている．これら特別管理廃棄物は，その発生から最終処分まで十分な管理がなされていなければならず，たとえば収集・運搬は原則としてほかのものと区分して行われ，感染性廃棄物は必ず容器に収納して収集・運搬される．

廃PCBの処理については，焼却法が基準となっているが，現在処理施設がないため，保管されている．廃石綿については，十分溶融して産業廃棄物として処分されるか，重梱包または固形化して遮断型処分場などに埋め立てられる．そのほかの特定有害産業廃棄物は，基準に従って遮断型処分場に埋め立てられるか，または，通常の産業廃棄物としての判定基準に適合するような処理をさ

れて，産業廃棄物として埋立処分などがなされる．感染性の廃棄物については，焼却，溶融，滅菌，消毒などの方法で処理される．

演 習 問 題

2.4.1 ある市町村（居住地または，出身地など）を対象に，廃棄物の処理・処分量を調査し，その特徴を論ぜよ．
（キーワード：一般廃棄物，家庭ごみ，事業系ごみ，焼却量，埋立量，産業廃棄物，など）
2.4.2 家庭ごみの収集方式にどのようなものがあるか，またそれらの特徴について説明せよ．
（キーワード：分別収集，ステーション方式，など）
2.4.3 廃棄物資源化・リサイクルの現状と課題について論ぜよ．
（キーワード：再資源化率，分別，流通，エネルギー，品質，など）
2.4.4 廃棄物最終処分場の種類とそれらの構造，維持管理の特徴を説明せよ．
（キーワード：安定型処分場，遮水工，貯留構造物，浸出水，準好気性埋立，有害物質，溶出試験，など）
2.4.5 ディスポーザー導入について，その有効性や問題点について調査せよ．
（キーワード：ごみ収集，有機質資源，掃流力，堆積，腐敗，下水処理，など）

5章
騒音と振動

5.1 音の性質と騒音
5.1.1 音の基本的性質と騒音

　音とは，一般的に聴覚を起こす刺激をいい，これは通常空気の弾性波によって生じ，人間の耳に伝わって感じられる．耳には伝わっても聴覚を起こさない弾性波は超低周波音や超音波音として知られる．建設技術者が対象とするのは可聴範囲の音，多くは騒音であり，騒音とは好ましくない音の総称で，JISでは望ましくない音，たとえば音声，音楽などの聴取を妨害したり，生活に障害，苦痛を与えたりする音と定義される．音を扱うには，発生側の音のエネルギーに関する物理的な尺度と，受ける側の人間の耳を通した感覚的な尺度の双方が必要で，騒音の測定や評価では後者の感覚的尺度が重視される．

　音の高さは空気粒子の1秒間の振動の回数（ヘルツ，Hz），すなわち周波数 f によって決まる．音階のドレミではじめと終りのドの間には2倍の周波数の違い（1オクターブ）がある．人間の耳は約20〜20000 Hzの周波数（約10オクターブ）の音を聞くことができ，これを可聴範囲という．感度のよい範囲は40〜8000 Hz（約8オクターブ）の音で，騒音もこの範囲の音となる．

　音を示す弾性波の単弦振動は，変位を y とするとたとえば次のように表される．

$$y_1 = A_1 \sin \omega t, \quad y_2 = A_2 \sin(\omega t + \phi) \qquad (2.5.1)$$

ここに，ω：角速度（$= 2\pi f$），t：時間，A：振幅，ϕ：位相．

　単一周波数の音を純音というが，通常の音にはさまざまな周波数の音が合成されて含まれる．振幅 A は音の強さ大きさに関係するが，$y_1 + y_2$ の合成音では位相が異なれば合成波形も異なる．すなわち音が重なるとき，位相の合致やずれによって音は強め合ったり打ち消し合ったりして聞こえ方が異なる．

音の高さが異なれば物理的には同じ強さ（intensity）の音でも人間の耳には違って聞こえる．そこで音の大きさとは，強さという刺激によってもたらされる感覚の大きさ（ラウドネス，loudness）をいい，後述するようにソーン（sone）という単位で表す．ソーンが2倍になれば音の大きさも2倍に聞こえる．

5.1.2 音の物理的尺度

音波によって大気中に生じる圧力振幅を音圧といい，大気圧からの圧力の上昇下降の実効値（瞬時値の自乗平均値の平方根）で表す．単位は N/m^2（Pa，パスカル）を用い，人間の健全な耳の最小可聴値に対応する音圧は 2×10^{-5} Pa，耳を痛めずに聞ける最高音圧は 20 Pa 程度とそれぞれいわれ，音圧レベル L_p（dB）は次のように定義される．

$$L_p = 20 \log \frac{P}{P_0} = 20 \log \frac{P}{2 \times 10^{-5}} \tag{2.5.2}$$

ここに，P：音圧（Pa），P_0：音圧基準値（最小可聴値）．

音の強さ I は音波の単位時間（1秒），単位面積当たりのエネルギー量で表し（単位ワット W/m^2），音の強さと音圧の間には次の関係が成立する．

$$I = \frac{P^2}{\rho \cdot c} \tag{2.5.3}$$

$$c = 331.5 + 0.6T \tag{2.5.4}$$

ここに，ρ：大気の密度（約 1.226 kg/m^3），c：音の伝搬速度（m/s），T：大気温度（℃），$\rho \cdot c$：常温では約 $400 \text{ N}\cdot\text{s/m}^3$

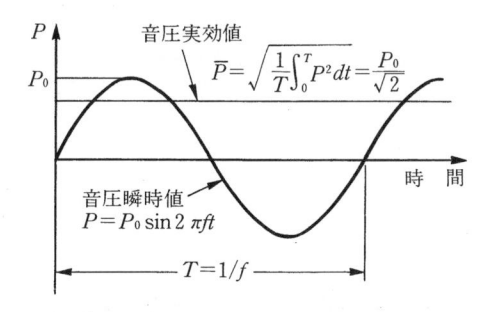

図 2.5.1 音圧の瞬時値と実効値

したがって，音圧レベルは音の強さを用いて次式で求めることもできる．

$$L_\mathrm{p} = 10 \log \frac{I}{I_0} \tag{2.5.5}$$

ここに，I：音の強さ（W/m²），I_0：音の強さの基準値（10^{-12} W/m²）．

音源の音響出力は，単位時間に放射される全エネルギー E を表し，ワット（W）を単位とする．パワーレベル L_w（dB）とは，この基準値 E_0（10^{-12} W）に対する比をもとに定義され，次のように表される．

$$L_\mathrm{w} = 10 \log \frac{E}{E_0} \tag{2.5.6}$$

音響出力 E(W) の音源があるとき，ここから r(m) 離れた地表空間における音の強さ I（W/m²）は半球の表面積をもとに次のように求められる．

$$I = \frac{E}{2\pi r^2} \tag{2.5.7}$$

さまざまな周波数からなる複合音の場合，図 2.5.2 に示すように横軸に周波数，縦軸に音圧レベルをとって表示することが多い．このとき，周波数をある幅の周波数バンドに区分し，バンドごとの音圧レベルで表す．これを周波数分

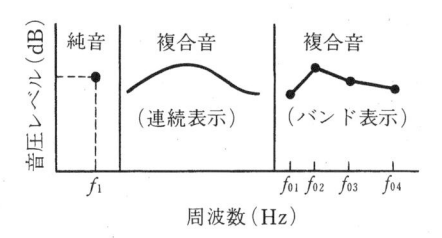

図 2.5.2 純音，複合音とスペクトル

表 2.5.1 オクターブバンド中心および遮断周波数と聴感補正値

中心周波数	遮断周波数	補正値	中心周波数	遮断周波数	補正値
31.5	22.4〜45	−39.4	1000	710〜1400	0
63	45〜90	−26.2	2000	1400〜2800	+1.2
125	90〜180	−16.1	4000	2800〜5600	+1.0
250	180〜355	−8.6	8000	5600〜11200	−1.1
500	355〜710	−3.2	16000	11200〜22400	−6.6

［大北忠男編：新版環境工学概論，朝倉書店；通産省環境立地局：公害防止の技術と法規（三訂）騒音編，丸善］

析といい,音のスペクトルが求められる.周波数バンド,その中心周波数,遮断周波数としては国際的に決められたオクターブバンド幅と1/3オクターブバンド幅が用いられる.

ある周波数範囲全体の音の音圧レベルをオーバオールレベル,各バンドの音圧レベルをバンドレベルという.たとえばある騒音の各オクターブバンドレベルを L_i ($i=1 \sim m$, m:バンド数) とすると,前述の音圧レベルの定義から

$$L_i = 10 \log \frac{I_i}{I_0} \quad \text{(dB)} \tag{2.5.8}$$

となり,ここで I_i は各バンドの音の強さである.ここから I_i を求めると

$$I_i = I_0 10^{L_i/10} \tag{2.5.9}$$

となる.したがって,複合音の強さ I はこの和であり,次式で求められる.

$$I = \sum_{i=1}^{m} I_i = I_0 \cdot \sum_{i=1}^{m} 10^{L_i/10} \tag{2.5.10}$$

これをもとに,オーバオールレベル L_A は次のようになる.

$$L_A = 10 \log \left(\sum_{i=1}^{m} 10^{L_i/10} \right) \tag{2.5.11}$$

このように騒音の物理的性質はオーバオールレベルとスペクトルで表される.

5.1.3 音の感覚的尺度

人間の耳は,同じ強さの音では周波数 1000 Hz 付近で最も感度がよく,ほかの高さの音より大きく聞こえるといわれる.そこで,1 kHz,40 dB の音圧レベルをもつ純音の大きさを 1 ソーン (sone) と定義し,ほかの周波数の音についてはこれと同じ大きさに聞こえる場合を 1 ソーン,n 倍に聞こえる場合を n ソーンと表す.

音の大きさのレベルとは,その音と同じ大きさに聞こえる基準音 (1 kHz) の音圧レベルの数値で示した尺度をさし,単位を phon とする.図 2.5.3 に,ISO で採用された等ラウドネス曲線を示したが,曲線上の数値が音の大きさのレベルを示し,同一曲線上の音は等しい大きさに聞こえることを意味する.なお,音の大きさのレベル F (phon) と音の大きさ S (sone) との間には次の関係があり,音の大きさが 2 倍になると音の大きさのレベルは 10 phon 増加する.

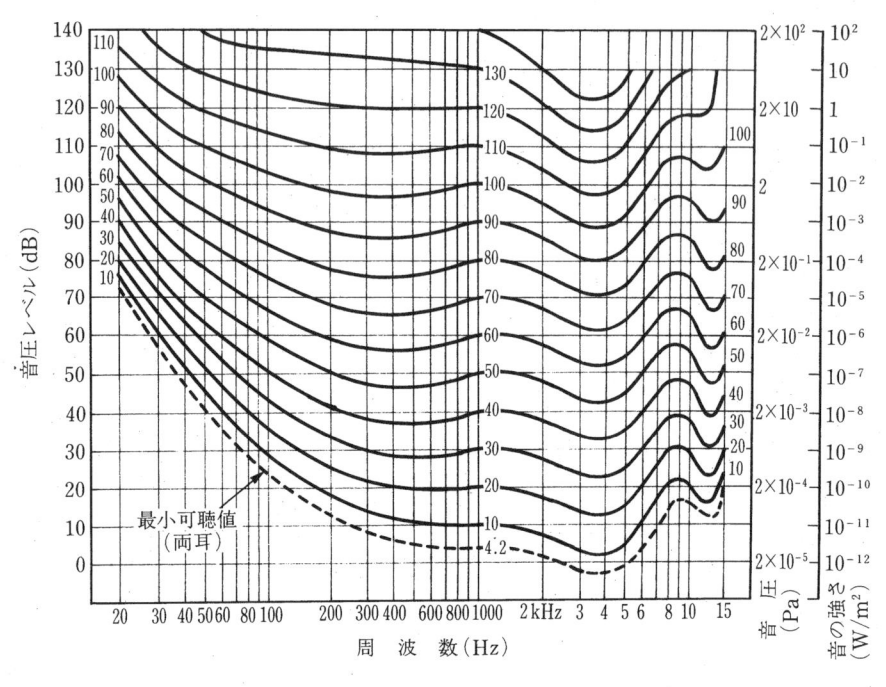

図2.5.3 等ラウドネス曲線
［加藤邦興ほか：現代環境工学概論，オーム社］

$$F = 40 + 33.22 \log S \qquad (2.5.12)$$

　前述のように，音の物理的な強さと人間が聴覚として感じる音の大きさとの関係は複雑で，1 kHzの純音と同じ大きさに聞こえる音の強さも周波数ごとに異なっている。騒音はマイクロホンを通して騒音計を用いて測定するが，この計器のなかに人間の聴覚特性を表現する補正回路を組み込んでおけば，測定された音圧レベルはかなり音の大きさのレベル（phon）と近いものとなる。この補正回路にはAとCの2特性がありこれを図2.5.4に示した。A特性は低周波数側でマイナスの応答を大きく示すように補正したもので，これが人間の耳に聞こえる騒音の変化に最も近いとされ，A特性音圧レベルまたは騒音レベルという。単位はデシベル，dBまたはdB(A)と表記する。また，C特性は音圧レベルの近似値を測定するのに使われ，周波数分析を行う場合にC特性で測定し，後に騒音レベルに補正する。

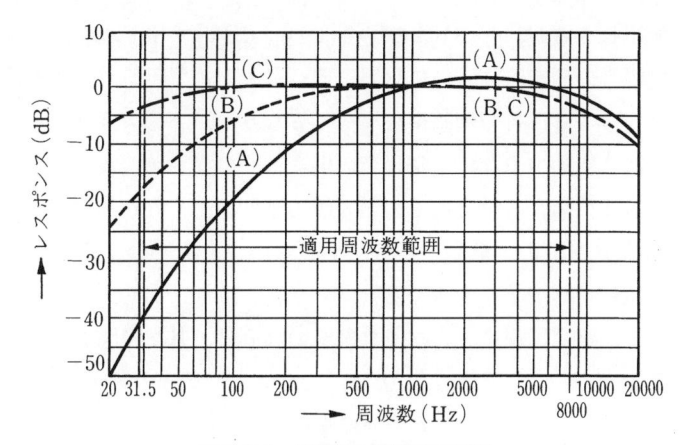

図2.5.4 騒音計の聴感補正特性
［安全工学協会編：騒音・振動，海文堂］

騒音レベルは，各周波数バンドの音圧レベルに，以上のような聴覚補正を行って得られるレベルを合成して求められるオーバオールレベルのことをいう．各オクターブバンドレベルを L_i (dB) とし，A特性の聴感補正値（表参照）を α_i (dB) とすると，オーバオールレベル L_A は次のようになる．

$$L_A = 10 \log \left(\sum_{i=1}^{m} 10^{(L_i + \alpha_i)/10} \right) \tag{2.5.13}$$

騒音レベルは時間的に変化することが多い．この場合の評価量の一つが，騒音レベルのエネルギー平均を求める方法を用いた等価騒音レベル $L_{\text{Aeq.T}}$ である．

$$L_{\text{Aeq.T}} = 10 \log \left((1/n) \sum_{i=1}^{n} 10^{L_{A_i}/10} \right) \tag{2.5.14}$$

ここに，L_{A_i}：時間間隔ごとの騒音レベル (dB)，n：サンプル数．

5.2 騒音の測定，表示と環境基準
5.2.1 騒音レベルの測定と表示

ある場所の騒音を測定する場合，温度，湿度，風，振動，電磁場などの外的条件の影響を十分考慮しなければならない．特定の音を対象として測定を行う場合，対象音がないときの騒音を暗騒音といい，この差が 10 dB 以上あれば

暗騒音は無視しうるが，4～9 dB の場合は 1～2 dB のマイナス補正を行う．

各種環境騒音の測定法については表 2.5.2 にまとめて示した．また，測定値の表示法については，各環境基準によって異なり，以下のようになっている．

騒音規制法：変動の少ない定常騒音の場合はその指示値，周期的または間欠的に変動する間欠騒音の場合はその最大値の平均値，それが一定でない場合は最大値の 90％ レンジの上端値（L_{A5}），不規則かつ大幅変動する変動騒音の場合は時間率騒音レベル L_{A5} を求める．

環境基準：道路交通騒音を含む総合騒音の評価は，基準時間ごとの全時間を通じた等価騒音レベル（L_{Aeq}）による．このとき，騒音レベルの分布特性を

表 2.5.2 各種環境騒音の測定法

測定対象		測定条件・方法
総合騒音		1 年間をとおして平均的な状況を呈する平日に，騒音の影響を受けやすい建物の面から 1～2 m の距離にある地点の生活面の高さにおいて，昼（AM 6～PM 22）と夜（PM 22～AM 6）の二基準時間帯ごとの全時間を通じた等価騒音レベルを求める．測定は，反射面の影響が無視できない場合は外壁端部から 3.5 m 以上離れた地点など同等の騒音を受けるとみなされる地点で行い，観測時間は 1 時間ごととするが交通の条件に応じて実測 10 分以上に短縮することもできる．
	一般地域	地域の騒音を代表すると思われる地点で，堀や建物による遮へいや反射および近傍住宅からの生活音の影響のない位置の生活面の平均的高さ（通常 1.2 m）で測定する．
	道路に面する地域	幹線交通を担う都道府県道以上の道路および 4 車線以上の市町村道に面する地域で地域ごとに環境基準値を超過する戸数やその範囲を面的に把握して評価する．範囲は道路境界から 50 m とし，適切な距離帯ごとに，少なくとも道路近傍と背後地の 2 地点以上を選定し，生活面の平均的高さ 1.2～5.0 m（原則 1.2 m）で測定する．
新幹線		騒音を代表する地点または問題となっている地点で地上 1.2 m の高さで行う（在来線，貨物線も新幹線に準ずる）．連続通過列車上下 20 本のピーク騒音レベルを読み，大きいほうから 10 個のエネルギー平均を求める．
航空機		騒音を代表する地点で代表する時期に連続 7 日間，騒音レベルのピーク値と機数 N を時間帯別に測定．1 日ごとの WECPNL$=L_m+10\log_{10}N-27$，ここに，L_m：全ピーク値のエネルギー平均値，$N=N_1+3N_2+10N_3$，N_1：AM 7～PM 7，N_2：PM 7～PM 10，N_3：PM 10～AM 7，次に 1 日ごとの WECPNL 値をエネルギー平均して 7 日間の平均 WECPNL 値を求める．
工場		工場敷地境界線上で測定する．
建設工事		作業を行っている敷地境界線で測定する．

把握するために時間率騒音レベル（L_{A5}, L_{A10}, L_{A50}, L_{A90}, L_{A95}, L_{Amax}）も求めることが望ましい．航空機騒音，新幹線鉄道騒音についてもそれぞれ表2.5.2に示した．

5.2.2 騒音の影響と環境基準

騒音は，耳から入って内耳の感覚細胞で神経信号に変換され脳に達する．騒音が大きいと内耳の感覚細胞が変成するか損傷し，難聴を引き起こすこともある．脳に達する信号には，聴きたいものとそうでないものがともに含まれているのでこの過程で聴取妨害も起こる．また，この神経信号は大脳の広範な部位を刺激し，精神的・心理的影響を与えて睡眠など日常的な生活への妨害も起こりうる．また自律神経系，内分泌系などを刺激して血圧やホルモンの分泌などにも影響し，情緒障害にも関与してくるなど，騒音の影響は広範囲にわたっている．

これらの影響を不快感で一括して表現すると，不快感はさまざまな要因により影響を受け変わりうるので定量的な評価は困難である．騒音の定義からも，何を騒音と感じるかは個人の心理的な判断にかかっているのでより困難な面がある．

騒音レベルと騒音の種類を表2.5.3に示したが，騒音による不快感を和らげ，日常生活を快適にするために，発生源ごとに騒音の規制値や環境基準が定められている．

（1） 地域騒音にかかわる**騒音規制**

居住地近辺における工場や事業場，建設作業などを発生源とする騒音が主体で，近年では近隣騒音（カラオケ，ピアノなど）も増加している．騒音規制法では，工場騒音と建設騒音を対象に地域指定，規制基準および手続きについての措置が講じられている．工場騒音については，都道府県知事は関係市町村長の意見を聴いたうえで規制地域を指定し，特定施設を設置する工場または事業場で発生する騒音の大きさの許容限度を定めることができ，これを表2.5.4に示した．特定建設作業に関しても騒音防止方法などの届出を義務づけ，規制値は85 dB(A) と定められている．

表2.5.3 騒音レベルの例

音源	騒音レベル (dB)	場所
ニューマチック ┬ ハンマ	130	
└ チョッパ	120	
	110	飛行場離着陸直下
製缶 ┐		
鍛造機 ┤	100	ガード下
コンプレッサ ┘		
のこぎり盤 ┐	90	地下鉄電車内, バス車内
グラインダ ┤		
ボール盤 ┤	80	
塗装機 ┘		騒々しい街頭
	70	
		静かな街頭
普通の会話	60	
		平均的な事務所内
	50	
		静かな住宅地の昼
	40	
	30	静かな住宅地の夜

［通産省環境立地局：公害防止の技術と法規（三訂）騒音編, 丸善］

表2.5.4 特定工場における騒音規制値

区 域 区 分	昼間	朝・夕	夜間
第一種区域（良好な住居環境の保全上, とくに静穏を必要とする区域）	45〜50 dB	40〜45 dB	40〜45 dB
第二種区域（住居用に供されているので静穏を必要とする区域）	50〜60 dB	45〜50 dB	40〜50 dB
第三種区域（商工業用区域で, 騒音発生を防止する必要のある区域）	60〜65 dB	55〜65 dB	50〜55 dB
第四種区域（工業用区域で, 著しい騒音の発生を防止する必要のある区域）	65〜70 dB	60〜70 dB	55〜65 dB

昼間：AM 7 or 8〜PM 6, 7 or 8, 朝・夕：AM 5 or 6〜AM 7 or 8・PM 6, 7 or 8〜PM 9, 10 or 11, 夜間：PM 9, 10 or 11〜AM 5 or 6

（2） 総合騒音に関する環境基準

生活環境を保全し, 人の健康に資するうえで維持されることが望ましい基準として騒音に関する環境基準が表2.5.5のように定められた. ただし, 道路に

表 2.5.5 騒音に関する環境基準

地域の類型	基準値 ($L_{Aeq,T}$)	
	昼間(AM 6〜PM 10)	夜間(PM 10〜AM 6)
○一般地域		
AA：とくに静穏を必要とする地域	50 dB 以下	40 dB 以下
AおよびB：もっぱらおよび主として住居の用に供される地域	55 dB 以下	45 dB 以下
C：相当数の住居と併せて商業，工業などの用に供される地域	60 dB 以下	50 dB 以下
○道路に面する地域		
A地域のうち，道路（2車線以上）に面する地域	60 dB 以下	55 dB 以下
B地域のうち，道路（2車線以上）に面する地域およびC地域	65 dB 以下	60 dB 以下
○幹線交通を担う道路に近接する空間における特例*	70 dB 以下	65 dB 以下
（屋内へ通過する騒音にかかわる基準）**	45 dB 以下	40 dB 以下

AA：とくに静穏を要する地域，A：第一種および二種の低層および中高層住居専用地域，B：第一種および二種の住居および準住居地域，C：近隣商業，商業，準工業および工業地域
 ＊：道路端からの距離が2車線以下の道路で15 m，2車線超過で20 mの範囲．
＊＊：主として窓を閉めた生活が営まれていると認められる場合，この基準によることができる．

表 2.5.6 新幹線騒音と航空機騒音にかかわる環境基準

地域の類型	新幹線騒音	航空機騒音(WECPNL)
I：主として住居の用に供される地域	70 dB 以下	70 以下
II：商工業用などI以外の地域で，通常の生活を保全する地域	75 dB 以下	75 以下

面する地域に関しては，わが国の交通状況の現状に鑑み地域別，車線数別，時間帯別に規制され，室内における値も併用されている．航空機騒音と鉄道騒音についても環境基準を表2.5.6に示したが，WECPNLおよび騒音レベルでそれぞれ70〜75および70〜75 dBであり，達成期間についてはおよその目安が決められている．

5.3 騒音の伝搬,減衰と防止対策
5.3.1 騒音の伝搬と距離減衰

音源から出た音は大気中を拡散し距離とともに強度が小さくなる.これを距離減衰という.一般に距離100 m程度までは周波数による減衰の違いは無視され,これを越すと大気,地表状態,気象などの影響を受けて単なる拡散よりも大きく減衰する.これを超過減衰といい,点か面かといった音源の形状によっても異なる.

地表面に音響出力 E (W) の点音源があるとき,距離 r (m) 離れた地点の音の強さ I は式 (2.5.8) で与えられ,この点の音圧レベル L_p は式 (2.5.5) より,

$$L_p = 10 \log \frac{E/2\pi r^2}{10^{-12}}$$

$$= 10 \log \frac{E}{10^{-12}} - 20 \log r - 10 \log (2\pi)$$

この式の右辺第1項は,式 (2.5.7) より音源のパワーレベル (dB) を示すので

$$L_p = L_w - 20 \log r - 8 \qquad (2.5.15)$$

となり,これは距離とともに音圧レベルが減衰する状況を示す.

線音源の場合は拡散する面は半円筒面となり,距離 r 離れた地点の音の強さは

$$I = \frac{E'}{\pi r} \qquad (2.5.16)$$

ここに,E':単位長さ当たりの音響出力 (W/m).

同様に音圧レベルを求めると次の式が得られる.

$$L_p = L_{w'} - 10 \log r - 5 \qquad (2.5.17)$$

ここに,$L_{w'}$:単位長さ当たりのパワーレベル (dB).

距離による減衰を表すのに,距離が2倍 (DD, double distance) 離れたときの減衰量 (dB/倍距離または dB/DD) で示すことが多い.点音源と線音源の場合,この値は式からそれぞれ 6 dB/DD,3 dB/DD と求められる.

音源が空中にある場合は,拡散する面が点音源のときは球面,線音源のとき

は円筒面となるので，距離 r 離れた地点での音の強さはそれぞれ次式で与えられる．

$$I = \frac{E}{4\pi r^2} \tag{2.5.18}$$

$$I = \frac{E'}{2\pi r} \tag{2.5.19}$$

音圧レベルもそれぞれ次式となるが，距離減衰は地表と変わらない．

$$L_\mathrm{p} = L_\mathrm{W} - 20 \log r - 11 \tag{2.5.20}$$

$$L_\mathrm{p} = L_{\mathrm{W}'} - 10 \log r - 8 \tag{2.5.21}$$

なお，音源が方向性や指向性をもつときは修正が必要である．

5.3.2 騒音の超過減衰

超過減衰は距離以外の効果で減衰がより大きくなることをいう．大気による吸収，地表面による吸収，地表面の形状による障壁効果，気象の影響などがある．

大気の吸収による減衰は，空気の粘性と熱伝導に伴う音の吸収によるが，空気の温度や相対湿度などに依存する．図2.5.5には，地表面の性状や気象による音の減衰効果を示したが，たとえば地表面の状況として草や樹木が生えている場合，音波がこれらに衝突してエネルギーを失い減衰する．地表面の形状として建物や丘，塀などがあれば，これらの障壁による減衰効果も表れる．気象に関しては気温と風の影響がある．地上と上空の間に温度差があると，音の伝搬速度は温度に比例して低いほうに屈折し，通常は気温の低い上空に伝わり減

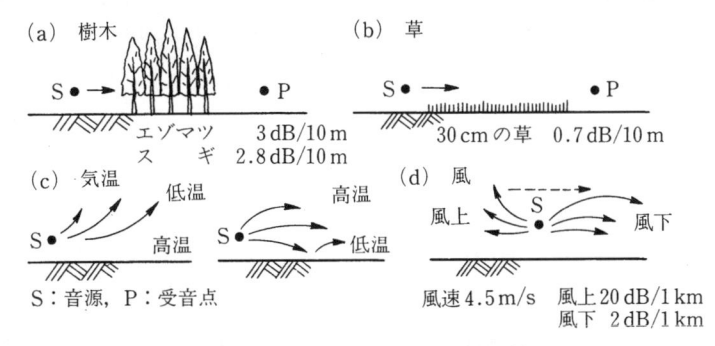

(a) 樹木　S● → ●P　エゾマツ 3 dB/10 m　スギ 2.8 dB/10 m

(b) 草　S● → ●P　30 cm の草 0.7 dB/10 m

(c) 気温　低温／高温　高温／低温

(d) 風　風上　S　風下　風速 4.5 m/s　風上 20 dB/1 km　風下 2 dB/1 km

S：音源，P：受音点

図 2.5.5 音の超過減衰（1 kHz 音）

衰は大きい．逆転層が生じると逆になるので音は伝搬しやすくなる．風の場合も同様に風上では上空，風下では地上に屈折しやすく，とくに風上で減衰効果が大きい．

5.3.3 音の回折による減衰

防音効果を高めるために，音の回折による減衰効果をねらって塀をつくることはよく行われる．音源Sと受音点Pの間に半無限の，厚さを無視しうる障壁を設けたとき，障壁の有無による音の減衰効果は音の伝搬経路の差 δ と波長が関係している．経路差 δ とフルネル数 N は次式となる．

$$\delta = r_1 + r_2 - r_0 \tag{2.5.22}$$

$$N = \frac{\delta}{\lambda/2} \tag{2.5.23}$$

実験的に求められた結果では，自由空間で点音源の場合 $N=1$ で約 13 dB の減衰量を示すといわれる．また，建物や盛土のような障壁に厚みのある場合，三角形の頂点として点 O を求め，前述の方法で求めればおよその減衰効果が知られる．

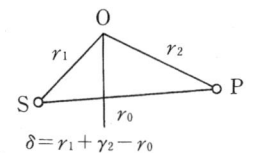

図 2.5.6 障壁による回折に伴う音の減衰
［通産省環境立地局：公害防止の技術と法規（振動編），産業環境管理協会］

5.3.4 騒音の防止と対策

（1） 発生源対策

騒音とは状態の変化で，望ましくないと人が判断する心理的なものである．したがって，騒音防止の画期的方法はなく，既存の技術を組み合わせて解決する以外にない．対策は音源における発生源対策と伝搬および周辺対策に分けられる．

地域騒音は特定工場と特定建設作業がおもな発生源である．発生量を軽減する対策は，電動機械や建設機械の駆動系から考える必要がある．音の発生する物理的原因を解明し，流速の低下，摩擦の低減，衝突や共鳴の回避などで音を発生させない工夫を設計段階から検討する．次に音源からの伝搬を軽減するた

め，音の吸収，干渉，反射などを利用してエネルギーを吸収し減衰させる消音器，吸音材料を張ったダクトなどの設置を検討する．機械をカバーして建屋に入れ遮音し，音を反射させ伝搬しないようにすることもよい．振動で発生する騒音は，絶縁などの防振対策で伝えないようにする．防振装置はゴムや空気ばね，金属ばねなどが使われる．

　伝搬防止技術としては距離を離すことが第一であるが，音源の向きを変えることもとくに高周波帯域で有効である．建設騒音では前述の塀や建物をつくることも対策になる．発生する時間帯をずらして影響を和らげることも効果的で，これは地域住民の理解を得る措置としても必要である．工場や建設機械は衝撃的な騒音を発生する例が多く，作業時間の選択は重要である．

　交通騒音としては自動車，電車，航空機などがある．まず駆動系のエンジン，モータなどから騒音が発生し，次に車輪と道路面，レール面との摩擦，航空機では噴射ガスの渦流音などから，そして車体と空気との摩擦からも出る．これらを軽減するには形状の工夫，新材料の開発など解決すべき課題は数多い．

　交通騒音の大きさは，乗り物の大きさ，スピードと交通量に関係するが，ますます大容量化，高速化する現代社会ではこの要因を減じることは容易ではない．交通量の制限や公共交通機関への転換などのソフト対策も有効であり，とくに自動車交通は恒常的な渋滞状態にあり，物流システムの改善による貨物電車や船の利用などによって量的な削減を図る必要がある．また，通過交通を中心部に入れない，立体交差や信号制御によって流れをスムーズにするなど，エネルギー効率からも抜本的な見直しも必要である．電車や航空機に関しては，ロングレール使用，軌道改善，防振マット使用や上昇方式の工夫などが効果的である．

（2）周辺対策

　騒音対策の基本は，適切な用途地域制に基づく施設配置と緩衝地帯の設置による緩和である．地域騒音に関しては発生源と居住地との適切な分離，交通騒音に関してはバイパスの整備，近辺に緩衝地帯をとることなどによる騒音の緩和など，都市計画や地域環境計画に基づいて行うことが重要である．工場に居住地域が隣接する場合，事務所，倉庫などの施設の民家側への配置，塀の併用か棟の連続建設，隙間や開口部の減少，地形の利用などで音の伝搬を防止する

工夫なども必要である．

　自動車と電車の騒音対策として効果的なのが遮音壁，遮音築堤，掘割り構造で，とくに掘割り構造は発生した騒音を反射させて外部に出さず減衰させる方式で，自動車専用道路の一部で半地下式で採用されている．高架路面では遮音壁が一般的で，高速道や新幹線軌道でも砂利床の乱反射効果も含めて採用されている．

　航空機騒音については，世界の空港は24時間体制で稼働しており，騒音問題は避けて通れない重要課題である．緑地帯などの緩衝地帯を十分にとる計画を行うか，分離と距離減衰をねらった海上空港などが今後の立地の適地と思われる．

5.4　振動の性質

5.4.1　振動の基本的性質と公害振動

　振動とは，ある量の大きさがその平均値よりも大きい状態と小さい状態とを時間とともに交互に繰り返す変化をいう．したがって，騒音と同様に振動の変位 y は式 (2.5.1) で表すことができる．このとき，時間とともに同じ大きさを繰り返す振動を周期振動，大きさが変わる振動を不規則振動という．

　振動公害は事業活動により地盤振動が発生し，建物や居住者に伝わり，人体や建具の振動および振動音の発生などで知覚され感覚的苦痛を生じさせる．大きな物的被害を生じることはまれで，一般に住民に心理的な不快感を与える程度が多い．知覚は主観的な面もあり，気象条件の影響も受けない．振動は距離減衰が大きく被害は局所的にとどまる特徴もある．振動に対する住民の苦情の第一は建設工事で，ついで製造事業所，交通振動の順である．

　人間の振動に対する感じ方には振動の周波数や振幅，方向，暴露時間などが関係する．たとえば周波数が1～2 Hzの振動では体全体，4～8 Hz程度で内臓，もっと高い周波数では下半身や足だけのゆれを感じるといわれる．

　人体の振動感覚いき値は，最も感じやすい範囲で加速度約 10^{-2} m/s² とされ，振動レベルでは60 dBに換算される．多くの人はやや低い55 dBをいき値とするのが妥当で，また人が耐える最大の振動レベルは110 dB程度である．

　一般に，波動の伝搬速度と波長，周波数の間には次の関係がある．

$$C = \lambda f \tag{2.5.24}$$

ここに，C：波動の伝搬速度（m/s），λ：波長（m），f：周波数（Hz）．

公害振動での伝搬速度は約 200 m/s 前後のことが多い．また，公害振動での周波数は 1〜80 Hz なので，波長 λ は 2.5〜200 m とかなり大きいことがわかる．

5.4.2 振動の物理的尺度

音と同様に振動も弾性波で表現され，その強さは振動の実効値で表される．

$$y_{\mathrm{rms}} = \sqrt{\frac{1}{T}\int y^2 dt} \tag{2.5.25}$$

ここに，y_{rms}：実効値，y：瞬時値，T：周期．

地面上の点が振動する場合，加速度を用いて表す．騒音と同様に，振動加速度の基準値をもとに，その比率の対数で振動加速度レベル（デシベル，dB）を求める．

$$L_{\mathrm{a}} = 20 \log \frac{a}{a_0} \tag{2.5.26}$$

ここに，L_{a}：振動加速度レベル（dB），a：振動加速度実効値，a_0：振動加速度の基準値（10^{-5} m/s²：5 Hz の鉛直振動の加速度実効値，ISO では 10^{-6}）．

5.4.3 感覚的尺度

前述のように，人体は振動の方向や周波数によって同じレベルと感じる振動の大きさにも違いがある．振動加速度レベルは振動の物理的な大きさを示すが，人の感じる振動の感覚は考慮されていない．そこで，さまざまな周波数を含む振動の場合，同じ大きさに感じるように補正を行って振動の大きさを表す必要がある．これには振動感覚補正（周波数補正）を行って振動加速度実効値 a_{c} を求め，式 (2.5.27) で計算される値を振動レベル L_{v} と定義して用いる．図 2.5.7 には振動レベルの基本的応答を，表 2.5.7 には周波数ごとの振動感覚補正値をそれぞれ示した．

$$L_{\mathrm{v}} = 20 \log \frac{a_{\mathrm{c}}}{a_0} \tag{2.5.27}$$

$$a_{\mathrm{c}} = \left(\sum a_n^2 \cdot 10^{c_n/10}\right)^{1/2} \tag{2.5.28}$$

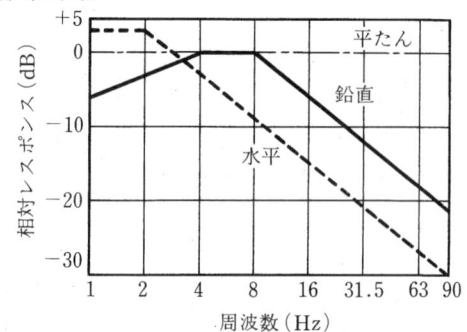

図2.5.7 振動レベルの基本的応答
[通産省環境立地局：公害防止の技術と法規
（振動編），産業環境管理協会]

表2.5.7 振動感覚補正値　　（単位 dB）

周波数 (Hz)	基準レスポンス			許容差
	鉛直特性	水平特性	平たん特性	
1	－ 5.9	＋ 3.3	0	±2
1.25	－ 5.2	＋ 3.2	0	±1.5
1.6	－ 4.3	＋ 2.9	0	±1
2	－ 3.2	＋ 2.1	0	±1
2.5	－ 2.0	＋ 0.9	0	±1
3.15	－ 0.8	－ 0.8	0	±1
4	＋ 0.1	－ 2.8	0	±1
5	＋ 0.5	－ 4.8	0	±1
6.3	＋ 0.2	－ 6.8	0	±1
8	－ 0.9	－ 8.9	0	±1
10	－ 2.4	－10.9	0	±1
12.5	－ 4.2	－13.0	0	±1
16	－ 6.1	－15.0	0	±1
20	－ 8.0	－17.0	0	±1
25	－10.0	－19.0	0	±1
31.5	－12.0	－21.0	0	±1
40	－14.0	－23.0	0	±1
50	－16.0	－25.0	0	±1
63	－18.0	－27.0	0	±1.5
80	－20.0	－29.0	0	±2

ここに，a_c：補正後実効値，a_n：周波数 n (Hz) 実効値，c_n：n (Hz) 補正値．

5.5 振動の発生，測定と規制
5.5.1 振動の発生源とその影響

振動公害に対する住民の苦情件数からみると，建設作業振動，工場振動，交通振動の順であり，建設作業が最も多い．建設作業は，杭打ち，杭抜き，鋼球破壊，舗装盤破砕，ブレーカなど衝撃力を利用して行う作業が多く，発生件数もそのレベルも大きく，改善されている例も少ない．また建設工事が住宅街に近い場所で行われ，大型化に伴い作業期間も長期化し，夜間工事も頻繁に行われていることなども苦情件数に影響している．

工場のおもな振動発生源は，鍛造機，機械プレス，せん断機，コンプレッサなどである．これらの振動レベルは徐々に低減され苦情件数も減少しているが，工場の設計，配置計画段階から防振に努める必要がある．交通振動に関しては，交通量，車種，速度，路面状況などが影響する．振動レベルのピークは大型車両走行時に発生するが，内側車線の走行により3 dB程度の距離減衰効果も得られる．路面補修により5～10 dB程度の低減も見込まれるが，10 km/hの速度上昇で2～3 dB程度増大するので速度低減は重要である．自動車，鉄道も含めて量的拡大と高速化は避けられないので，交通政策全体の見直しも必要である．

振動の影響は，おもに人体への生理的，心理的影響と構造物への影響に分けられる．振動への暴露によって人体に明らかに生理的影響が生じるのは，振動レベルで85 dB以上といわれ，このような強い振動は滅多に発生しない．したがって，一般に振動によって明らかに生理的影響が出るのは睡眠妨害のみと考えられている．この影響は，浅い睡眠に対しては60～64 dBから出始め，69 dB以上では深い睡眠にも発生するといわれる．心理的影響については性や年齢などの要因も関係するが，ほぼ70 dB以上で地域住民の半数が振動を感じ始めるという報告もある．

構造物への影響については地震による被害がある．地震のような短時間の振動によって物的被害が生じる振動レベルは85 dB以上といわれる．一方，振動公害のようなより長期的な暴露に関しては，70 dBを越えると建付けの狂いなどの物的被害が出始めるとみられている．

5.5.2 振動レベルの測定と規制基準

振動の測定は,基本的に騒音の測定の場合と同様で,振動感覚補正としては鉛直振動特性を用いる.振動レベルの測定場所について,原則として事業場,建設作業所および道路のいずれも敷地境界線において周囲環境の影響のないように行わなければならない.振動レベルの決定は,振動の性質により以下の3種類に分類される.①変化なしか,少ない場合はその指示値,②周期的または間欠的変動の場合は指示値の最大値の平均値,③不規則かつ大幅に変動する場合は,5秒ごとの測定値100個(またはこれに準ずる方法)の80%レンジの上端値 L_{10}.

振動規制法により,騒音の場合と同様に著しい振動を発生するおそれのある特定施設,特定建設作業(敷地境界線における規制値は 75 dB)に関しては必要な届出や規制を行うと同時に,道路交通振動に関しても要請基準を定めている.特定工場および道路交通振動に関する規制値と要請値をそれぞれ表 2.5.8 に示した.

表 2.5.8 振動に関する規制値と要請値

区域区分	工場振動規制値		道路交通振動要請値	
	昼間	夜間	昼間	夜間
第一種区域	60〜65 dB	55〜60 dB	65 dB	60 dB
第二種区域	65〜70 dB	60〜65 dB	70 dB	65 dB

5.6 振動の伝搬と減衰

5.6.1 弾性波の種類と伝搬

地盤に何らかの力が加わると地盤は変形し,その動きが波動となって伝搬する.弾性体の固体に力が働き変形を起こすとき,固体は体積変化と変形に対して抵抗する.伸びたり縮んだりする変化に対する抵抗が縦波の,曲げたりねじれたりする変形に対する抵抗が横波の原因である.前者を圧縮波,粗密波(一次波,P 波),後者をせん断波(二次波,S 波),両者を実体波といい,この順序で伝わる.

地盤のように地表面下のみが弾性体の場合,あるいは地盤が硬軟の 2 層からなるような場合,実体波のほかおもに表層面に沿って伝搬する波,表面波が発

図2.5.8 波動の伝搬形態

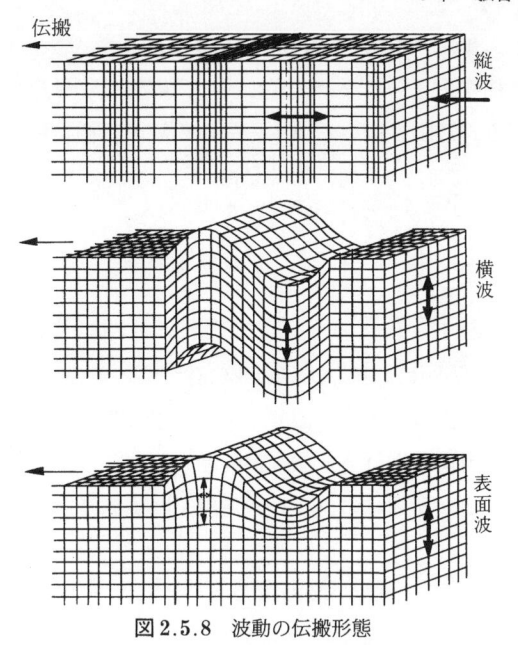

生する．前者をレイリー波（R波），後者をラブ波という．これらの伝搬を図2.5.8に示した．

圧縮波は体積が伸び縮みしながら伝わる波で，媒質粒子は進行方向に前後運動を行う．いま，密度 ρ，ヤング率 E の棒に軸方向力が加わった場合を考えると，この棒を伝わる圧縮波の伝搬速度は次式で表される．

$$v_1 = \sqrt{\frac{E}{\rho}} \tag{2.5.29}$$

次に地盤のような無限長の固体を伝搬する圧縮波の速度を考え，ポアソン比 σ，体積弾性係数 K，せん断弾性係数 G を考慮し伝搬速度 v_p を求めると次式となる．

$$E = 2G(1+\sigma) = 3K(1-2\sigma) \tag{2.5.30}$$

$$v_p = \sqrt{\frac{K+4/3G}{\rho}}$$

$$= \sqrt{\frac{1-\sigma}{(1+\sigma)(1-2\sigma)}} \sqrt{\frac{E}{\rho}} \tag{2.5.31}$$

ここに，$0 < \sigma < 0.5$ なので，一般に v_p のほうが v_1 より大きい．

せん断波は体積変化を伴わない変形の波で，媒質粒子は進行方向に対し直角方向の運動を行う．無限に広い固体中のせん断波の伝搬速度は

$$v_\mathrm{s} = \sqrt{\frac{G}{\rho}} = \left(\frac{1}{\sqrt{2(1+\sigma)}}\right)\sqrt{\frac{E}{\rho}} \tag{2.5.32}$$

となる．したがって，圧縮波とせん断波との関係は次のようになる．

$$\frac{v_\mathrm{p}}{v_\mathrm{s}} = \sqrt{\frac{2(1-\sigma)}{1-2\sigma}} \tag{2.5.33}$$

一般に，$v_\mathrm{p} > v_\mathrm{s}$ の関係にあり，σ が 0.5 に近づくとこの比は無限大となる．

表面波は地表面に沿って伝わる波で，媒質粒子は進行方向とそれに直角な成分の双方をもち楕円運動を行う．振幅は急激に減衰し，2波長程度の深さでほとんど消滅するほどの表面にのみ存在する波で，伝搬速度はせん断波より数％小さい．

地表面上の発生源から振動が伝わるとき，P波とS波は球面波として地中を伝搬し，R波は円筒波として地表面を伝わる．到達する順序はP波，S波，少し遅れてR波の順で，近距離ではS波とR波はほぼ同時に到着する．公害振動ではS波とR波，とくに全エネルギーの2/3程度を占めるレイリー波の影響が大きい．

5.6.2 距離減衰

発生源から振動が波動として伝わるとき，振動の大きさは距離とともに小さくなり，やがて消滅する．これは，振動のエネルギーが距離とともに広がって拡散し，面積当たりのエネルギーが減少することによるもの（幾何減衰）と，地盤粒子の動きによるエネルギーの減少によるもの（内部減衰）に分けて考えられる．発生源から距離 r_0 (m) 離れた点を基準とし，振動の変位 y_r が距離 r とともにどのように減衰するかを表すには，地盤を一様なものと仮定して次の式が用いられる．

$$y_r = y_0 \exp(-\lambda(r-r_0))\left(\frac{r}{r_0}\right)^{-n} \tag{2.5.34}$$

ここに，y_0：基準点の変位，λ：地盤の減衰定数（地質，周波数，速度などに

よって決まる)，n：波動の種類による係数（表面波では 1/2）．

λ は，関東ローム，シルト，粘土などでは 0.01～0.05 の範囲にある．この式から，距離 r 離れた点の振動レベル L_r は次式で与えられる．

$$L_r = L_0 - 20\log\left(\frac{r}{r_0}\right)n - 8.7\lambda(r - r_0) \qquad (2.5.35)$$

ここに，L_r：距離 r (m) 離れた点の振動レベル (dB)，L_0：距離 r_0（おもに 1 m）離れた基準点の振動レベル (dB)．

式 (2.5.35) の右辺第 2 項が距離による幾何減衰を，第 3 項が地盤粒子による内部減衰をそれぞれ表している．表面波の場合，距離減衰は 3 dB/DD であり，発生源の近くでは基本的に幾何減衰が大きいが，内部減衰は距離とともに一定量ずつ減少するので距離とともに大きく寄与してくることがわかる．一般の地盤では距離数十 m 程度までの範囲では，3～6 dB/DD 程度の減衰を示すことが多い．

公害振動では波長が数 m から数百 m と長いのが特徴で，これを溝や遮断層で遮ることは基本的に困難であり，距離減衰以外にその効果を期待することはむずかしい．

5.6.3 加振および共振現象

地盤はその地盤固有のかすかな振動，卓越した周期をもつ常時微動をもっている．またその上に建つ構造物にも，その構造固有の揺れ方（振動数）がある．地盤に力が働いて振動が発生し，地盤を伝わっていくとき，これと地盤や構造物の振動数が一致したり近似していたりすると，振動には加振や共振現象が表れて予期以上の揺れを起こしたり，構造物がひび割れや破壊にまで至ることもある．このため，地盤や構造物の固有振動数についても十分な知識をもっていなければならない．振動の防止と対策は騒音の場合と同様であり，5.3.4 項を参照されたい．

演 習 問 題

2.5.1 騒音規制法に基づき，騒音レベルの測定および表示についての方法が定めら

れている．これを騒音の状況に応じて三つのケースに分けて説明せよ．

2.5.2 都道府県知事による騒音規制値 75 dB(A) をもつ都市で騒音を伴う建設工事を行う場合，1）規制値はどの地点か，2）規制値を守るためには，この地点から 30 m 敷地内へ離れた地点で行う建設機械の騒音レベルを最大何 dB(A) 以下に抑えなければならないかをそれぞれ求めよ．

2.5.3 2車線県道に面する住宅専用地域の道路近傍と背後地において，午前6時から24時間，1時間ごとに騒音レベルの測定を行ったところ，等価騒音レベルとして下記のような結果が得られた．これをもとに，この住宅地域の基準時間帯ごとの等価騒音レベルを求め，その値が環境基準に適合しているかどうかを判定せよ．

時間	AM6	7	8	9	10	11	PM12	13	14	15	16	17	18	19	20	21	22	23	AM0	1	2	3	4	5
道路近傍	50	70	70	65	55	40		40		50	55	60	65	65	60	55	55	50	50	45		40	30	30	30	40dB
背後地	50	65	65	60	50	40		40		45	50	55	60	60	60	55	50	50	45	45		40		35	30	30	30	35dB

2.5.4 ある工場騒音を測定しオクターブ分析したところ次の結果が得られた．
　ほかの周波数成分は含まれていないとして，この騒音の騒音レベルを求め，音圧レベルと騒音レベルごとにオーバオールレベルを計算せよ．

中心周波数 Hz	音圧レベル dB
125	92
250	81
500	78
1000	72
2000	65

2.5.5 ある道路交通振動を，5秒ごとに100回測定し分類したところ次の結果が得られた．この振動レベルを計算せよ．

測定値（dB）

測定値	41	42	43	44	45	46	47	48	49	50	51	52	53	54	55	56	57	58	59	60
度数	1	2	2	3	5	8	9	11	12	10	8	8	6	5	3	3	2	1	0	1

2.5.6 道路交通騒音の周辺対策をあげ，特徴を述べよ．

第3編　建設活動と環境

1章
建設事業と環境

1.1 土木建設事業の役割

　土木建設事業は，多かれ少なかれ自然環境を改変する．農耕文化のはじめの時代は，かんがいのための用排水路を建設し，湿地を農地に変えるという自然環境の改変を行い，農業生産を発展させた．そしてさらに，ため池の築造などによって農地を拡大し，生存のための生産を発展させた．生産が発展し生活基盤が整備されてくると，その時代時代の社会政治システムを維持するための社会基盤の整備も行われるようになる．道路交通路の整備や治山治水事業などである．しかし，このような時代の建設事業活動はまさに"土を築き木を構える"活動であり，その規模はそれほど大きくはなかった．そして，自然環境改変の程度も小規模で，周囲の自然環境がまだ豊富であったため，地域全体でみれば環境容量の範囲内の自然環境改変であったということができる．また，部分的に大きな環境改変があったとしても，それによる生産力の強化と自然災害の防止効果などのほうがはるかに望まれていた状況でもあった．

　産業革命後，地球上での主として先進国における人間の活動は急速に規模を拡大した．先進国では工業化を促進するための産業基盤の整備が行われ，それによってもたらされる都市の拡大，都市への人口集中による生活環境の悪化を改善するため，生活環境の整備，社会基盤の整備がより大規模に行われてきた．それらの整備を支えた土木建設活動においても，大量のエネルギーを消費する大規模機械化技術の開発によって環境の大きな改変が行われてきた．そしてそれによって先進国の人間の生活は，生活の安全・安定を越えて，利便性・快適性をよりいっそう実現できるようになった．

　しかし，環境改変の規模が大きくなるとその行為の影響は，空間的に時間的に広がるだけでなく質的に異なってくる．たとえば，内陸部の森林伐採は，そ

の地域の生態系や地形などの変化をもたらすだけでなく，河川を通じてつながっている河口部や海の生態系や地形に変化をもたらし，さらにCO_2の吸収源を減少させることで地球温暖化の要因にもなる．また，路面の舗装や雨水を速やかに排除することによって，洪水を防ぎ，生活環境の改善を図ってきた下水道システムは，流域全体にそれが普及するに従って下流における出水の集中を招き，都市型洪水と呼ばれる災害を生じさせる一因となってきた．同時に，地下水のかん養が不足したり，地表面からの水の蒸発がなくなったりして，都市のヒートアイランド現象の要因ともなっている．

　土木建設活動は，人間の生存・生活条件を安定化・安全化するために，基盤整備・防災などに大きな役割を果たしてきた．これからも安全で快適な生活環境をつくるために，土木建設活動は不可欠であろう．しかしその一方で，近年，土木建設事業の規模が拡大することに伴う影響の拡大は，土木建設事業のあり方に問いを投げかけてきた．それは自然環境との調和，自然環境の保全などの必要性が，人間の生存の持続性にとって重要であるという認識が広まってきたためでもある．これからの土木建設事業は，人間の健康で文化的な生存が持続できるような環境づくりにその役割が期待されており，また健全な自然環境の保全や地球環境問題への対応に関してもその役割が期待されている．

1.2　環境問題の展開

　人類誕生のときすでに，人間の周囲すなわち自然環境からの脅威を防ぎ，安全性を確保するという意味での環境問題が存在した．しかし，人間の環境への働きかけや人間の諸活動による環境の変化が，人間の生存や生活に影響をもたらすという意味での環境問題は，人間活動の過度の集中と近代科学技術の発展，つまり都市化と工業化が大きな契機となって生じたといえる．このような環境問題のはしりとして，中世ヨーロッパの城壁都市にみられる衛生状態の悪化をあげることができる．城壁都市内での人口の増加，人間活動の集積は，都市の衛生状態を悪化させ，その結果として，ペストやコレラなどの伝染病の蔓延が繰り返された．当時の人類の知識水準は，この環境問題を解決する方法を見いだすまでにはいたらず，迷信や祈禱に頼ることが多かった．しかし，多くの犠牲の上に経験が蓄積され，上水道のような都市施設が伝染病の蔓延を防止する

のに有効であることが見いだされるようになった．その後，経験の蓄積や科学技術の発展によって，人類の知識が向上し，このような伝染病の予防には基本的に成功をおさめてきた．

わが国に伝染病の蔓延という環境問題が生じたのは，基本的に明治時代以降である．この時代は，すでに近代科学技術の発展が芽生えていたころであり，医学的手法や公衆衛生の向上などによって，比較的短い期間で基本的に克服された．一方，明治・大正時代（19世紀後半から20世紀初頭にかけて）のわが国は，国策として重化学工業の振興が図られ，いくつかの都市に工場が建設されたり，資源開発のための鉱業が盛んになるという状況であった．その結果，産業の発展とともに鉱山からの排水による農作物被害や，集中した工場からの排煙による大気汚染などの環境問題が発生した．こうした環境問題は，戦争中は少なくなったものの，戦後（20世紀の半ば以降），工業の発展とともに大きくなり，水俣病などの深刻な健康被害を生じさせたいわゆる"公害"の発生へと進行してしまった．このような公害問題は，法的な規制と汚染物質除去技術の発展によって改善されてきている．

第二次世界大戦後まもなくのころ，台風などによる自然災害が頻発した．これは，東京や大阪など人口密集地帯が低地に発展した都市であったことが要因の一つであるが，戦争中，治山治水がおろそかにされたことも要因として指摘されている．このような自然災害も，広い意味では環境問題といえよう．そして浸水・氾濫を防止するため，下水道整備，河川整備が促進された．

経済成長によってもたらされたものの一つに，人口や人間活動の都市への集中があげられる．これによって引き起こされた都市環境問題には，生活排水による河川の水質悪化や自動車排ガスによる大気汚染，ごみ処理問題などさまざまなものがある．これらの問題は，現在も解決を迫られている環境問題の一つである．そして，これらの問題の特徴は，排出源が面的であるということであり，その解決のためには技術的な対策だけではなく，ライフスタイルも含めた人間活動のあり方を見直すことも必要とされている．そして，人間活動の拡大は，その影響が地球規模へと広がり，さらに時代を越えて広がるような規模になってきた．人間倫理に加えて，環境倫理が叫ばれるように，いま私たちが抱えている環境問題の解決には，この問題を人間の生き方全般にかかわる課題と

して認識することが求められている．

1.3　これからの土木建設事業と環境保全

　これからの土木建設事業は多岐にわたって環境問題とかかわりをもつことになる．とりわけ，建設行為と自然環境保全とのかかわりは重要である．安全で安心な生活環境を整備したり，社会基盤を整備するうえでの土木建設事業の役割は，これからも重要である．同時にその事業は，自然環境をはじめ，文化的環境，歴史的環境などの環境条件と調和されていなければならない．とくに，自然環境の改変を伴う建設行為にあたっては，自然環境から得ている恵みの損失を最小限にするような，そしてその恵みを継続して得られるような事業計画および実施手法が必要である．すなわち，土木建設事業の実行において，計画でも設計でも，また実際の施工の段階でも環境マインドを注入することが求められている．また，土木技術はこれまでも水質汚濁防止技術，騒音・振動防止技術などで中心的な役割を果たしてきた．今後それをさらに発展させるとともに，自然環境の修復・再生・復元さらには，自然環境保全にも大きな役割を果たすことが期待されている．

　1992年に国連環境開発会議（地球サミット）がブラジルのリオ・デジャネイロで開かれた．そこでは，地球環境保全のための27の原則が盛り込まれた"環境と開発に関するリオ宣言"と，その実行指針となる21世紀に向けた人類の行動計画の基本"アジェンダ21"などが採択された．これらは，人類が地球とともに歩み続けるための新たな第一歩である．"アジェンダ21"では，各国・諸団体に行動計画の策定とその実行を呼び掛けている．日本では翌年1993年に環境基本法が制定された．そこでは，環境保全の方向を次のように示している．一つは，現在および将来の世代の人間が健全で恵み豊かな環境の恵沢を享受するとともに，人類の存続の基盤である環境が将来にわたって維持されるようにすること，二つには，環境への負荷の少ない健全な経済の発展を図りながら，持続的発展が可能な社会が構築されるようにすること，三つには，国際的な協力のもとに地球環境保全が積極的に推進されるようにすること，である．そして，その指針として次のことがあげられている．

　① 人の健康の保護，生活環境の保全および自然環境の適切な保全がなされ

るよう，大気，水，土壌などの環境の自然的構成要素が良好な状態に保持されること．
② 生態系や生物の多様性の確保，野性生物の種の保全，森林，農地，水辺などにおける多様な自然環境の自然的社会的条件に応じた体系的保全がなされること．
③ 人と自然との豊かなふれあいが保たれることの確保を旨として，各種の施策が連帯を図りつつ総合的かつ計画的になされなければならないこと．

このような状況のなかで，土木建設事業においても，土木学会で制定された"土木学会地球環境行動計画，アジェンダ21/土木学会"のなかで，土木技術者に，地球環境問題と土木工学のかかわりを，地球環境保全の方向に生かすよう努力することを求めている．また，建設省では1994年に環境政策大綱を発表し，建設事業における環境政策の基本的な考え方を明らかにした．これらの基本的考え方を実行するとともに，より有効な原則・行動指針につくりあげることも求められている．

演習問題

3.1.1 国連を中心とした地球規模環境問題に関する国際的な会議や国際組織について，現状やこれまでの経緯について調べよ．
(キーワード：UNEP, UNCED, など)

3.1.2 土木学会地球環境行動計画（アジェンダ21/土木学会）を調べ，土木工学と地球環境問題とのかかわりを論ぜよ．
(キーワード：資源・エネルギーの持続的活用，環境共生型技術，地球生態系，など)

2章
建設工事に伴う公害問題とその対策

2.1 建設工事にかかわる公害問題

建設工事に伴って発生した典型7公害問題の工事別分類を表3.2.1に示した．これは，大手建設会社の参加するある団体が，会員会社の工事現場について集計した（1986〜1987年度）ものである．データはやや古いがこれによると，建設工事に伴う公害問題発生件数の多いものは騒音・振動問題であることがわかる．ついで交通阻害，粉じん，水質汚濁問題があげられている．そして具体

表3.2.1　工事別公害の種類　　（単位：事例数）

公害種別＼工種	トンネル	地下構造物	橋梁	処理場	道路	ダム	河川	造成	その他	合計	割合(%)
騒　　　　音	20	85	25	7	15	2	4	19	13	190	27
振　　　　動	14	70	23	5	12	1	4	15	15	159	23
地 盤 沈 下	3	11	2	3			4		1	24	3
粉　じ　ん	6	13	10	1	7	1		12	6	56	8
水　　　　枯	7	24	2		6		2	2	1	44	6
水 質 汚 濁	6	16	3		6	1	3	6	5	46	7
日　　　　影	1	7	4	1	1				1	15	2
電 波 障 害	1	10	5	2				1	2	21	3
悪　　　　臭		4	1	3						8	1
風　　　　害					1			1		2	0.3
プライバシー侵害	1	6	5				2	0	2	16	2
産 業 廃 棄 物	1	3	2						2	8	1
交 通 阻 害	8	37	18	3	13		1	7	12	99	14
そ　の　他	3	5	3	1	2			1	1	16	2
記 入 事 例 数	71	291	103	26	63	5	20	63	62	704	

［建設工事環境対策研究会編：建設工事における環境対策と廃棄物処理実務全書，(株)技術資料センター］

的な要求としては，作業時間帯や作業日程の変更，防止施設設置などがあげられている．これらの公害問題についてはそれぞれ法的規制がされており，そのおもな内容が表 3.2.2 に示されている．法的な規制の内容は全国どこでも同じであるが，地域によっては都道府県条例などによってより厳しく規制されてい

表 3.2.2　建設工事に関係するおもな公害環境関係法

公害環境問題の種類	法　律　名
公害環境一般	環境基本法 人の健康に係る公害犯罪の処罰に関する法律 公害紛争処理法 公害健康被害の補償などに関する法律 公害防止事業費事業者負担法
水質汚濁	水質汚濁防止法 海洋汚染防止法 下水道法 河川法 港湾法 湖沼水質保全特別措置法
大気汚染	大気汚染防止法 自動車から排出される窒素酸化物の特定地域における総量の削減に関する特別措置法 道路運送車両法
土壌汚染	農用地の土壌の汚染防止等に関する法律
騒音・振動	振動規制法 騒音規制法 幹線道路の沿道の整備に関する法律
地盤沈下	工業用水法 建築物用地下水の採取の規制に関する法律
廃棄物	廃棄物の処理及び清掃に関する法律
日照・電波妨害	建築基準法 電波法 放送法
自然環境の保護	自然公園法 自然環境保全法 都市緑地保全法 温泉法

［建設工事環境対策研究会編：建設工事における環境対策と廃棄物処理実務全書，(株)技術資料センター］

る場合もある．

　典型7公害以外の公害問題には，たとえば高層建築物や高架道路の建設で生じる可能性のある日照障害や電波障害などがある．これらの問題は，工事中だけでなく，建設物が完成した後も継続するという特徴をもっている．

　また，建設工事において，一時的な土地利用のために樹木を伐採したりすることがある．このような場合でも，その区域の指定の種類によっては自然環境保全に関する法規の規制を受けることになる．また，文化財の保護や，最近では景観保全という視点から規制されたり，問題提起されることもある．

　以上のような問題に加えて，建設現場付近の交通阻害の問題や工事現場自体の労働安全衛生対策なども広い意味での建設工事にかかわる公害・環境問題と考えることができる．これらの問題への対策も重要である．

2.2 騒音・振動の発生と防止対策
2.2.1 建設工事における騒音・振動の発生とその規制

　建設工事に使われる機械とそれによって発生する騒音のレベルを表3.2.3に示す．騒音レベルの高い機械は，ディーゼルハンマやコンクリートブレーカなど基礎工事で使われる機械が多い．したがって，建設工事の初期に，発生頻度やレベルの高い騒音が発生しやすい．振動については，多くの場合騒音とともに発生する．しかし，振動の伝搬が地中を通じて行われるので，騒音に比べて

表3.2.3　おもな建設作業機械の騒音レベル測定例（その1）

(単位：dB(A))

作業機械名	作業区分	騒音レベル	
		音源から10 m	音源から30 m
ディーゼルパイルハンマ	杭打ち作業	92〜112	88〜98
バイブロ		84〜91	74〜80
スチームハンマ，エアハンマ		97〜108	86〜97
パイルエキストラクタ		94〜96	84〜90
アースドリル		77〜84	67〜77
アースオーガ		57〜70	50〜60
ベノトボーリングマシン		79〜82	66〜70
リベッティングマシン	びょう打ち作業	85〜98	74〜86
インパクトレンチ		84	71

表 3.2.3 おもな建設作業機械の騒音レベル測定例(その2)

(単位:dB(A))

作 業 機 械 名	作 業 区 分	騒音レベル	
		音源から 10 m	音源から 30 m
コンクリートブレーカ,シンカドリル,ハンドハンマ,ジャックハンマ,クローラブレーカ	削岩機を使用する作業	80〜90	74〜80
コンクリートカッタ		82〜90	76〜81
ブルドーザ,タイヤドーザ	掘 削,整 地 作 業	76	64
パワーショベル,バックホー		72〜76	63〜65
ドラグライン,ドラグスクレーパ		77〜84	72〜73
クラムシェル		78〜85	65〜75
空気圧縮機	空気圧縮機を使用する作業	74〜92	67〜87
ロードローラ,タンピングローラ,タイヤローラ,振動ローラ,振動コンパクタ,インパクトローラ	締 固 め 作 業	68〜72	60〜64
ランマ,タンパ		74〜78	65〜69
コンクリートプラント	コンクリート,アスファルト混練および搬入作業	83〜90	74〜88
アスファルトプラント		86〜90	80〜81
コンクリートミキサ車		77〜86	68〜75
グラインダ	電動工具を使用するはつり作業およびコンクリート仕上げ作業	83〜87	68〜75
ピックハンマ		78〜90	72〜82
鋼球	破 砕 作 業	84〜86	69〜72
鉄骨打撃		90〜93	82〜86
火薬		98〜108	90〜97

[住友恒,細井由彦著:環境衛生工学,朝倉書店]

その影響範囲は小さい.ただし,建築物の条件によっては共振現象が生じ,振動が増幅される場合がある.

騒音・振動はそれぞれ騒音規制法・振動規制法によって規制される.

騒音規制法による特定建設作業に関する規制基準を表 3.2.4 に示す.この場合の特定建設作業とは表 3.2.4 に示すような作業である.また,振動に関する特定建設作業の規制について,表 3.2.5 のような基準が定められている.どちらの法律でも,騒音・振動のレベルについての規制基準とともに,作業頻度や

2章 建設工事に伴う公害問題とその対策

表3.2.4 特定建設作業[*3]に関する騒音規制基準

規制項目	地域区分	
	第1号区域[*1]	第2号区域[*1]
騒音基準値	特定建設作業の場所の境界線で，85 dBを越えないこと	
作業禁止時間帯[*2] 1日当たりの作業時間[*2]	午後7時～翌日午前7時 1日当たり10時間以内	午後10時～翌日午前6時 1日あたり14時間以内
作業期間[*2] 作業日[*2]	連続6日間以内 日曜日その他の休日ではないこと	

- *1 第1号区域は，とくに静穏を要する区域として都道府県知事などが指定した区域．
   第2号区域は，騒音規制区域のうち，第1号区域以外の区域．
- *2 これらの規制は，災害などによる緊急工事などの場合は除かれる．
- *3 騒音規制にかかわる特定建設作業とは以下のとおり．
    - 杭打ち機，杭抜機または杭打ち杭抜機を使用する作業
    - びょう打ち機を使用する作業
    - さく岩機を使用する作業
    - 空気圧縮機を使用する作業
    - コンクリートプラントまたはアスファルトプラントを設けて行う作業
    - バックホーを使用する作業
    - トラクタショベルを使用する作業
    - ブルドーザを使用する作業

ただし，これらの作業のうち，作業地点，プラント規模，機械出力などについての条件に該当する作業が特定建設作業となる．

表3.2.5 特定建設作業[*3]に関する振動規制基準

規制項目	地域区分	
	第1号区域[*1]	第2号区域[*1]
振動基準値	特定建設作業の場所の境界線で，75 dBを越えないこと	
作業禁止時間帯[*2] 1日当たりの作業時間[*2]	午後7時～翌日午前7時 1日当たり10時間以内	午後10時～翌日午前6時 1日あたり14時間以内
作業期間[*2] 作業日[*2]	連続6日間以内 日曜日その他の休日ではないこと	

- *1 第1号区域は，とくに静穏を要する区域として都道府県知事などが指定した区域．
   第2号区域は，騒音規制区域のうち，第1号区域以外の区域．
- *2 これらの規制は，災害などによる緊急工事などの場合は除かれる．
- *3 振動規制にかかわる特定建設作業とは以下のとおり．
    - 杭打ち機，杭抜機または杭打ち杭抜機を使用する作業
    - 鋼球を使用して建築物などを破壊する作業
    - 舗装版破砕機を使用する作業
    - ブレーカを使用する作業

ただし，これらの作業のうち，作業地点や機械の種類などについての条件に該当する作業が特定建設作業となる．

作業時間帯についての規制が定められている．また，定められた特定建設作業を行う場合，開始の7日前までに都道府県知事に届け出ることが定められている．そして，都道府県知事は必要な改善勧告や改善命令を行うことができることが定められている．

なお，都道府県によっては，特定建設作業以外の作業（たとえば，ブルドーザなどを用いる整地作業，コンクリートカッタなどを用いる路面切断作業など）の騒音について規制している場合がある．

2.2.2 防止対策

特定建設作業によって発生する騒音は，それぞれの機械ごとに基準値が定められている．これらの基準値内に騒音レベルを抑えるために，騒音防止対策が施される．騒音防止対策の基本は第2編5章ですでに述べられている．ここでは，具体的な建設作業のいくつかをとりあげ，その防止対策を述べる．

（1） 杭打ち

杭打ち工法は，既成杭工法と現場打ち工法に大別される．

既成杭工法は，工場などで製作された杭を，ディーゼルハンマなどで地中に打ち込む方法であり，ハンマが杭をたたくときに打撃音が生じる．この作業の騒音防止対策として代表的なものは，騒音低減工法の採用である．おもな発生源である打撃音を発生させないように，事前に孔を開けて杭を差し込むプレボーリング工法や杭の先端土砂を掘削排除して杭を押し下げる中掘り工法などが採用される．また，既成杭を使わず現場で孔を開け，そこにコンクリートを打ち込む現場打ち杭工法（アースドリル工法，ベノト工法など）が採用されることもある．これらの工法の採用によって打撃音が削減される．

しかし，その他の発生源であるエンジンやコンプレッサからの騒音の発生はなくなっていない．これについては消音器の取付けやコンプレッサのファンの材質を金属からプラスチックに代えて摩擦音の低減を図ったり，マフラの取付け，防音パネル・防音壁の設置，などの対策が行われる．これらの対策によって，たとえばディーゼルハンマを用いた既成杭工法からアースドリル工法に代えた場合，約20〜30 dB(A)の騒音削減が期待できる．なお，現場打ち杭工法では，杭の品質が不均一になったり，掘削の際に使用する泥水の処理対策が必

要になるなど，別の問題を発生させることもある．

(2) コンクリートブレーカ

コンクリートの破砕作業で使われるコンクリートブレーカから発生する騒音は，おもに排気音，打撃音，機械音である．排気音に対する削減対策は，一般に消音器の取付けである．これによって1〜13 dB(A) 程度の減音が期待できる．打撃音，機械音については，個別の対策ではなく工事現場全体を遮音シートで囲むといった対策が行われる．遮音シートの遮音性能は，シートの重量によって影響され，次式で表される．

$$透過損失 (transmission\ loss) = 18 \log Mf - 44 \quad (dB)$$

ここに，M：面密度 (kg/m^2)，f：周波数 (Hz)．

遮音シートは，塩化ビニル樹脂や合成ゴムなどを基材としているが，遮音性能の向上のため，金属粉や金属線を混入させて重量を大きくしている．通常使われている遮音シートでは，約10〜15 dB(A) 程度の減音が期待できる．

(3) コンプレッサ

コンプレッサに対する騒音削減対策では，防音型の機種が選択されたり，マフラの取付けや防音パネルなどが設置される．

(4) その他

建設機械だけでなく，コンクリート材料を機械的に計量する設備であるバッチャを備え，コンクリートを製造するバッチャプラントやアスファルトプラント，それに資材搬入作業なども騒音・振動の発生源となる．バッチャプラントの騒音削減対策としては，プラントの遮音や消音器の取付け，骨材投入ホッパへのゴムの貼付けなどが行われている．

2.3 建設工事に伴う廃棄物対策

2.3.1 建設系廃棄物の取扱い

建設工事に伴って発生する廃棄物には，法的に一般廃棄物に分類されるものと産業廃棄物に分類されるものとの両者がある．一般廃棄物に分類されるものは，主として新築現場から発生する木くずや建設廃材である．しかし，その分類は必ずしも明確ではなく，新築に先立って解体した場合の建設廃材，たとえばコンクリート破片，れんが破片，その他の廃材などは本来産業廃棄物である

が，一般の粗大ごみとして排出されても区別しにくい．また，掘削によって生じた土砂，すなわち残土は，法的には廃棄物ではなく，つまり，廃棄物の処理と清掃に関する法律の対象外で，必ずしも許可を受けた埋立処分地に搬入しなくてもよい．しかし，この残土にコンクリート破片などの建設廃材が混入していたり含水率の高い泥状態のものは，産業廃棄物であるとみなされることになる．この場合の混入の程度や泥状態の判断基準は，必ずしも明確ではない．このような分類上の不明確さもあって，建設系廃棄物にかかわる問題点の一つに，不法投棄の多いことがあげられる．

このようなことを防止し，産業廃棄物が適正に処理・処分されるように管理することを目的として，すべての産業廃棄物に対して1998年よりマニュフェスト方式が実施されるようになった．これは，廃棄物の種類，量，処分地などを記載した伝票（これをマニュフェストと呼ぶ）を，廃棄物とともに流通させる方式である．排出事業者は，廃棄物の処理を委任する際に，収集運搬業者にこのマニュフェストを交付する．そして，運搬〜処分の終了後に，マニュフェストの写しが排出事業者に送付されてくるので，これと交付したマニュフェストをつきあわせて，廃棄物の適正処理を確認することになる．建設系の廃棄物は，排出源が移動することが多く，チェック後にそれを特定するのが困難な場合もあるが，すべての産業廃棄物について，排出事業者は委託後の不法投棄などについて連帯して責任を負うこととなった．

2.3.2 処理・処分

建設系廃棄物の搬出状況を種類別にみると，図3.2.1のようになる．これによると，全国で年間9900万tが排出されており（1995年度），そのうち，コンクリート塊，アスファルト・コンクリート塊の2種類で70%強を占めている．そして，建設汚泥およびコンクリート塊・金属くず・廃プラスチックなどの混合した建設混合廃棄物と建設発生木材の3種類で，約26%を占めていることがわかる．これらの排出廃棄物のうち，42%が最終処分されており，ほかの廃棄物に比べて最終処分率の大きいことが建設系廃棄物の特徴である．なかでも，建設汚泥と建設混合廃棄物は排出量の約86，89%が最終処分されている（図3.2.2参照）．

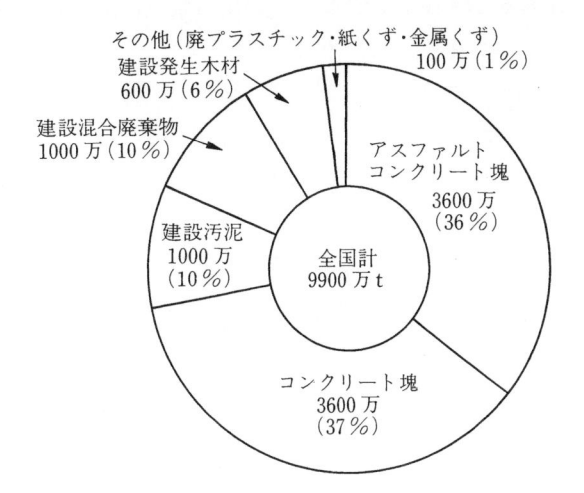

2章　建設工事に伴う公害問題とその対策　155

図3.2.1　建設系廃棄物種類別排出量（1995年度）
［武田信生：総論「大量副産物の資源化・リサイクル」，
エネルギー・資源, **18**, No.6, 1997.11］

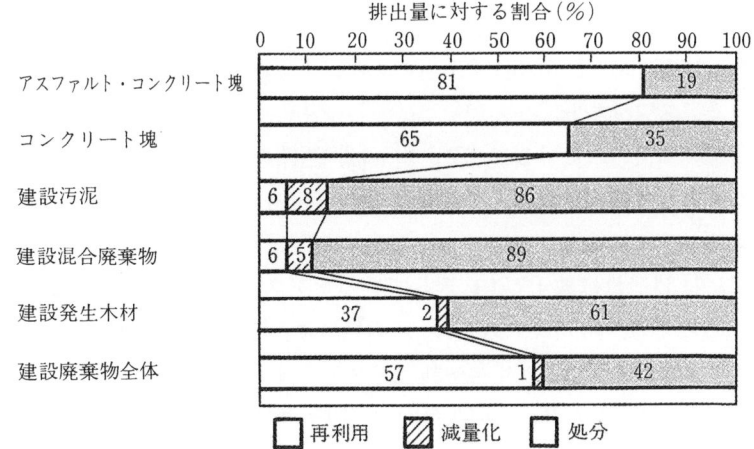

全国計 9900万t
- アスファルトコンクリート塊 3600万（36％）
- コンクリート塊 3600万（37％）
- 建設汚泥 1000万（10％）
- 建設混合廃棄物 1000万（10％）
- 建設発生木材 600万（6％）
- その他（廃プラスチック・紙くず・金属くず） 100万（1％）

排出量に対する割合（％）

種別	再利用	減量化	処分
アスファルト・コンクリート塊	81		19
コンクリート塊	65		35
建設汚泥	6	8	86
建設混合廃棄物	6	5	89
建設発生木材	37	2	61
建設廃棄物全体	57	1	42

図3.2.2　建設系廃棄物の再利用等の状況（1995年度）
［武田信生：総論「大量副産物の資源化・リサイクル」，
エネルギー・資源, **18**, No.6, 1997.11］

（1）　コンクリート系廃棄物

　コンクリートでつくられた構造物が解体されると，コンクリートくずなどの廃棄物が発生する．発生量についての統計的な数値は明らかになっていないが，

コンクリートの使用量を示す生コンクリートの出荷量（約1億6000万 m³：1988年）から推定する（発生量＝0.1～0.2×出荷量）と，コンクリートくずの発生量は，約1000万から2000万 m³ となる．しかし，現実のコンクリート構造物が永久に存在し続けることはないので，現在出荷された量の多くはいずれ廃棄物として排出されることになる．なお，コンクリート塊の排出量は1995年で約3650万 t と報告されている．

　コンクリート系廃棄物の最終処分方法は，埋立である．コンクリートの成分は，一般の土壌に近く，とくに有害な成分もないことから多くの場合安定型埋立地に処分されている．しかし，現実にはコンクリートくずとほかの解体廃棄物が混合した状態で排出されることもあり，その場合には，浸出汚水，悪臭などが発生することがある．このような場合に，産業廃棄物処分場をめぐる問題点の原因になることが多い．このため，自治体によっては，安定型処分地の建設に対しても遮水シートの設置を指導している例がある．いずれにしろ，廃棄物の適正な管理と処分の見地から，発生源つまり，解体現場などでの分別を適正に行うことが求められている．また，発生量が多いため，処分地容量の確保も重要な課題であり，主要な排出者である建設業界全体の課題でもある．

（2） アスファルト

　道路舗装に使われているアスファルトは，道路の維持・修繕の際にアスファルトくずとして排出される．その量は1982年度分として約1000万 t という数値があるが，この後もアスファルト混合物の製造量が増加しており，1980年代後半には製造量は数千万 t に達している．アスファルト舗装の設計寿命は10年とされており，アスファルトくずの発生量が増加するのは確実である．

　アスファルトくずは，近年再生利用が進んでおり，破砕後に再加熱してアスファルト混合物としたり，破砕後ほかの建設系廃棄物と混合して路盤材として利用されたりする．1984年に舗装廃材再生利用技術指針（案）が発刊され，それ以降公共工事での再生利用も進んでいる．再生品の用途を確保し拡大するためには，良好な品質を保つことが必要である．そのためには，分別を行ってほかの廃棄物との混合を避けることが重要である．

　再生利用できないアスファルトくずは，埋立処分される．

（3） 木くず

建設系廃棄物としての木くずには，新築現場から発生する足場，型枠，端材や建築物の解体によって発生する木くずおよび解体建築物中にあった建具，家具，そして木製の撤去枕木，電柱などがある．これらのなかには，産業廃棄物として指定されているものもあれば，一般廃棄物に分類されるものもある．

最近，枕木，電柱などはコンクリート化してきており，建設現場の足場もアルミ製化，リース化してきており木くず発生量の減少をもたらしている．これに対して，コンクリート型枠は加工性，作業性が優れているため木製が使用されることが多い．その使用量は年間約 100 万 m^3 と推定されている．法的には一般廃棄物であるがほかの建設系廃棄物と混合した状態で排出されると処理・処分が困難になることから，一般廃棄物処理の主体である市町村のなかには受入れを拒否しているところもある．このような事情や，型枠材料として熱帯材が多く使用されていることから，材料転換の技術開発も行われている．

建築物の解体によって木くずが発生する．この場合，手作業で解体されると再利用可能な角材などが得られ，処理・処分量が減少する．しかし，これは手間がかかるため，最近ではほとんど機械による解体が行われる．機械解体後の分別状態，あるいは多少の手作業解体を行うことによって，木くずの処理方法を変えることができる．多くの不燃物と混合した状態では埋立処分によらざるをえないが，木くずだけであれば，チップ化が可能になったり，可燃物だけであれば焼却処理が可能となる．

なお，建築用木材で防腐処理や防虫処理されたものを埋め立たり焼却する場合は，有害物質の溶出や揮散に注意する必要がある．

（4） 建設汚泥

建設汚泥とは，「濁水や泥水を処理した後に残る泥状のものや含水率の高い掘削土などで，車両に山積み状に積載できないもの，その上を人が歩けないもの，運搬途上で流動化するもの」とされている．これを土質工学的な強度指数で表すと，コーン指数 200 kN/m^2 以下か，一軸圧縮強度 50 kN/m^2 以下のものとされている．このような建設汚泥が発生する工種には，地中連続壁工法，泥水式シールド工法などがある．

これらの建設汚泥を大別すると，性状が劣化して使用できなくなった泥水と

含水率の高い掘削土の二つになる．泥水は，主として掘削工事に使われ，掘削時の摩擦を低減すること，掘削面の安定化を図ること，掘削土砂の搬出しやすさを図ることなどを目的として使われている．したがって，これらの目的に合うように，比重や粘性が調整されており，おもな材料は，ベントナイトやCMC（カルボキシメチルセルロース），ポリマ剤である．ベントナイトは，粘土鉱物モンモリロナイト結晶を主成分とし，膨潤性，分散性，粘性が高いなどの特性をもつ．また，CMCは木材パルプを原料にした人工の糊で，高い粘性をもっている．このため，一般的な泥水の特性として，無機性SS（浮遊物質）濃度が高く，pHが高いことがあげられる．

このような特性をもつ泥水を処分するには，脱水して含水率を下げるなど管理型埋立処分地で受け入れられる状態に処理をしなければならない．脱水には，天日乾燥や機械脱水が用いられる．

なお，建設工事に関連するこのほかの汚泥に生コンスラッジがある．建設工事に使われるコンクリートの多くは，生コン工場でつくられ，各現場に運搬される．このとき残ったコンクリートや，ミキサ車や工場で発生するコンクリート洗浄排水を処理した後に残ったものが生コンスラッジである．これも法的には汚泥にあたり，管理型埋立地で処分されることになる．

（5） 混合廃棄物

建築物の新築や解体では，コンクリートくずや木くずのほか，ガラスくず，金属くず，廃プラスチック類，繊維くずなどいろいろな廃棄物が発生する．これらは，量的にあまり多くないことや建設現場の事情などのために，混合した状態で排出されることが多い．このような混合廃棄物を，ミンチともいう．これらの廃棄物のなかには，分類上一般廃棄物に相当するものも含まれているが，混合した状態では産業廃棄物として管理型埋立地で処分しなければならない．したがって，できるだけこの状態での排出を少なくすることが必要である．

（6） 残　土

残土とは，掘削などの土工事に伴って発生するもので，建設廃材などの混合がなく，含水率の高い泥状でなければ，廃棄物処理法の適用は受けない．しかし，発生量が大きいため，処理・処分を適性に行わないと環境に悪影響を与えることになる．

残土は，廃棄物処理法の適用を受けないことからわかるように，基本的には盛土や埋戻し土などの材料として使用できる有用物である．したがって，可能なかぎり有用物として利用すべきである．しかし，土質条件によってはそれらの材料として不適な場合がある．このようなときには，砂，セメント，石灰などを添加するなどして土質改良を行う必要がある．

2.3.3　リサイクルの考え方

近年，廃棄物最終処分場の残余容量が少なくなってきたことや，資源循環型社会の実現を目指す立場から，廃棄物のリサイクル，リユースの重要性が指摘されてきた．また，1991年に施行された「再生資源の利用の促進に関する法律」，いわゆるリサイクル法によって，リサイクルを促進する品目の一つとして建設廃棄物が指定された．このようなことから，建設廃棄物を建設副産物としてとらえ，その資源化を進めるためにいろいろな技術開発やシステムづくりが行われてきている．それぞれの建設副産物の資源化として表3.2.6のような例がある．

これらの資源化が順調に行えるかどうかに影響する要因として，資源化されたものの品質を良好に保持することと，その流通，すなわち需要と供給のバランスを保つことがあげられる．品質の保持のためには，できるだけ発生源に近いところでの分別を徹底することが重要である．また，需要と供給のバランスをとるためには，ストックヤードの確保や情報の集約化，再生品の積極的利用が必要とされており，そのための基準の制定，公的な部分も含めた共同・協力化が行えるようなシステムづくりが望まれている．なお，このような資源化にあたって，エネルギーを多量に消費するような方法は避けるべきである．それは，エネルギーの多量消費によって，CO_2ガス排出，地球温暖化という別の環境問題の要因を大きくしてしまうことになり，廃棄物処分という当面の環境問題を解決するために，将来の環境問題を大きくしてしまうことになるからである．リサイクルや資源化を考えるときには，このような視点も重要である．また，すべての廃棄物の問題で，最も重要なことは発生量の抑制であり，そのための技術開発や建設現場での創意工夫は資源化のための技術開発に優るとも劣らない意義をもっている．

表3.2.6 建設副産物資源化の例

コンクリート塊，アスファルト・コンクリート塊			建設発生土	
再生資材	再生コンクリートのおもな利用用途	再生アスファルト・コンクリートのおもな利用用途	区 分	建設発生土のおもな利用用途
再生クラッシャラン	道路舗装およびその他舗装*の下層路盤材料 土木構造物の裏込材・基礎材 建築物の基礎材		第1種発生土 （砂，礫など）	工作物の埋戻し材料 土木構造物の裏込材 道路盛土材料 宅地造成用材料
再生コンクリート砂	工作物の埋戻し材料・基礎材	／	第2種発生土 （砂質土，礫質土など）	土木構造物の裏込材 道路盛土材料 河川築堤材料 宅地造成用材料
再生粘度調整砕石	その他舗装*の上層路盤材料			
再生セメント安定処理路盤材料	道路舗装およびその他舗装*の路盤材料		第3種発生土 （施工性が確保される粘性土など）	土木構造物の裏込材 道路路体用盛土材料 河川築堤材料 宅地造成用材料 水面埋立用材料
再生石灰安定処理路盤材料	道路舗装およびその他舗装*の路盤材料			
再生加熱アスファルト安定処理混合物	／	道路舗装およびその他舗装*の上層路盤材料	第4種発生土 （粘性土など）	水面埋立用材料
表層基層用再生加熱アスファルト混合物	／	道路舗装およびその他舗装*の基層用材料および表層用材料		

* その他舗装とは，駐車場の舗装および建築物などの敷地内の舗装のことである．
[武田信生：エネルギー・資源，Vol.18, No.6, 1997.11]

2.4 濁水対策

2.4.1 濁水の発生源

建設工事という行為に関連して，次のようなところで濁水が発生する．
① 掘削，しゅんせつ工事現場，砕石・骨材プラント，コンクリートプラント
② 雨天時の造成工事現場
③ 泥水工法建設現場（泥水シールド工法など）

2.4.2 濁水の特性と関連法規

建設工事に伴って発生する濁水の水質的な特性は，浮遊性物質とくに無機性の浮遊性物質が多いことである．この特性は，水質指標としてはSSや濁度で表され，発生する場所にもよるが，SS濃度が，数千 mg/l から数十万 mg/l と高いことがあげられる．また，セメント関係から発生する濁水は，pHが10〜13程度の強アルカリとなることがもう一つの水質的な特性である．

このような特性をもつ濁水を水環境に排出するには，関係法規の規制などを満足する状態にしなければならない．最も関係の深い法律は，水質汚濁防止法である．

2.4.3 濁水処理施設

濁水対策の基本は，発生源での対策，すなわち発生量の抑制と発生した濁水の処理である．発生量の抑制は，それぞれの現場の条件に応じた方策で行われる必要がある．濁水の処理は，無機性の浮遊物質が多いというその水質特性から，一般に沈殿法によって行われる．その代表的な処理行程（フローシート）は，図3.2.3のようである．

このプロセスの設計上のポイントは，沈殿分離槽表面積の決定と凝集剤の選択である．沈殿分離槽表面積は，その沈殿分離槽で除去対象とする浮遊物質の沈降速度と処理水量から次式によって決定される．

$$必要表面積 (m^2) = \frac{処理水量 (m^3/日)}{沈降速度 (m/日)}$$

すなわち，沈降速度が小さい細かな粒子を大量に処理する場合は，多くの表面積つまり敷地を必要とする．凝集剤は，小さな粒子を互いに結合させる働きをもっている．そのため見かけ上大きな粒子になり，沈降速度が大きくなり処理効率を高くすることができる．

2.5 その他の公害問題
2.5.1 地盤沈下

建設工事は，その周辺の地盤にさまざまの影響をもたらす．そのなかで，盛土工事のように地盤に載荷したり，開削工事のように地盤を掘削したりすると

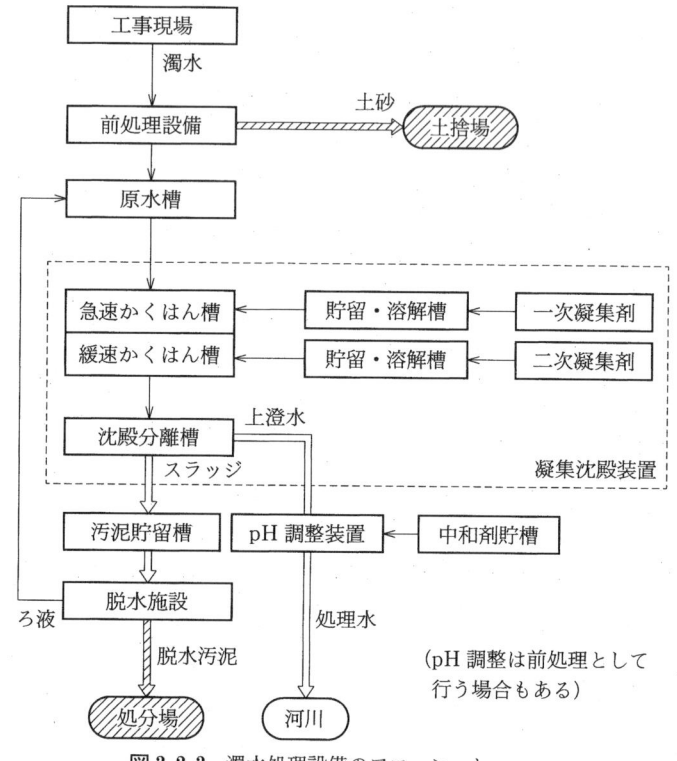

図3.2.3 濁水処理設備のフローシート
[住友恒, 細井由彦：環境衛生工学, 朝倉書店]

地盤が沈下することがある．また，地下鉄や下水道など地下構造物の工事による地下水の排水によっても地盤沈下が生じることがある．

地盤沈下によって生じる土地の低下は，排水の悪化を招き，洪水や高潮の危険性を増大させる．また，狭い範囲で沈下量が不均一であると不等沈下となり，構造物に被害を生じることもある．また，地盤沈下は地下水位の低下とともに生じることもあり，この場合は，井戸の枯渇など地下水取水障害が生じたりする．さらに，地下水位が低下してそこに空気が侵入し，土壌中の物質が酸化されると，酸欠空気が発生して人身事故になることがある．

建設工事における地盤沈下対策としては，復水工法や薬液注入工法などの地盤改良そして土留め壁の強化などがあげられる．

2.5.2 日照障害，電波障害

高層ビルや高架道路の建設によって，日照阻害やテレビ電波の受信阻害を生じさせることがある．このうち，高層ビルによる日照阻害については，建築基準法で制限されている．公共施設の設置による日照障害については，その損害に対する費用の負担に関する基準が，建設事務次官通知として出されている．

また，電波障害に対しては，受信空中線の変更や共同受信方式を採用するなどの対策が講じられる．

2.5.3 粉じん

粉じん問題は，工事別公害のなかでも，比較的多くの工事現場でかかわっている問題である．粉じんは工事現場内での破壊作業や研磨作業，それに骨材プラントなどから生じる．これについては，外部への発散量をできるだけ少なくするように，散水や発泡剤の使用を検討したり，集じん機の設置，発生源近くでの吸引などを検討する．また，砂じんについては，タイヤからもち込まれることが多いので，水深30cm程度のプールを通過させるような泥落とし対策が検討される．

2.5.4 交通問題

建設工事の開始とともに，工事関係の車両交通が増加する．これに伴い，周辺道路への迷惑駐・停車や渋滞などが生じたり，交通事故の発生可能性が高まることになる．対策としては，交通量の規制，交通整理などの実施があげられる．とくに学校周辺では，通学時の対策は重要である．また，交通量の増加に伴う騒音の増加が問題になることもある．

演習問題

3.2.1 建設工事における騒音・振動がどのように規制されているか説明せよ．
　　（キーワード：特定建設作業，作業時間帯，規制基準値，など）
3.2.2 建設副産物のリサイクルの現状と課題について調べよ．
　　（キーワード：再生資材使用基準，建設発生土（残土），需要と供給，情報交換，

再生使用技術，分別排出，など）

3.2.3 濁水を処理するための代表的な方法を説明せよ．
（キーワード：沈降速度，凝集，沈殿，汚泥，など）

3.2.4 建設工事に伴って生じる地盤沈下現象を説明せよ．
（キーワード：載荷，掘削，圧密沈下，盛土工事，トンネル工事，など）

3章
環境アセスメント

3.1 環境影響評価（環境アセスメント）の意味

環境影響評価法の第2条では，環境影響評価を次のように定義している．
「環境影響評価とは，事業（特定の目的のために行われる一連の土地の形状の変更（これと併せて行うしゅんせつを含む．）並びに工作物の新設及び増改築をいう．以下同じ．）の実施が環境に及ぼす影響（当該事業の実施後の土地又は工作物において行われることが予定される事業活動その他の人の活動が当該事業の目的に含まれる場合には，これらの活動に伴って生ずる影響を含む．以下単に「環境影響」という．）について環境の構成要素に係る項目ごとに調査，予測及び評価を行うとともに，これらを行う過程においてその事業に係る環境の保全のための措置を検討し，その措置が講じられた場合における環境影響を総合的に評価することをいう．」

このような定義は，これからわが国が目指そうとしている環境影響評価（以下，環境アセスメントと記す）を表現したものといえる．一般に環境アセスメントの内容を，四つの論点から検討することができる．一つは，環境アセスメントの対象である．"開発行為など" という限られた対象から "影響をもたらすおそれのある計画案" や，国連環境部の定義にあるような "環境を変えるおそれのある人間の行為" という広い対象まで幅がある．二つ目の論点は，環境アセスメントの範囲についてであり，"空気，水，土，生物など" というある範囲の環境から，考え方としては "環境の状況" という漠然とした表現の範囲まである．三つ目は政策決定への関与の程度である．単に予測と評価をすることだけにとどまる場合から，行動や政策を決定する手続まで含まれる場合がある．そして最後は，"事前の評価" という言葉ではどんな定義も同じであるが，計画の段階や事業実施前の段階など，事前のどの段階で環境アセスメント

を行うかによって実効性には違いが出てくる．

もともと環境アセスメントという言葉は，人間の活動全般を対象にしたものであり，この考え方を，具体的な事業に適用して制度化したものが"環境アセスメント制度"であるといえる．したがって，基本的には環境アセスメントの対象と範囲は，できるだけ幅広く，そして政策決定段階からの環境アセスメントを行うことが，実効性をより高めるために必要である．

3.2 環境アセスメントの制度

環境アセスメントは，1969年にアメリカで国家環境政策法（National Environmental Policy Act，NEPA）が成立して初めて制度化された．その後，フランス（1975年），カナダ（1984年）などの先進国だけでなくタイ（1978年），インドネシア（1982年）などの発展途上国でも法の整備が行われてきた．日本では，1972年に閣議了解された「各種公共事業に係る環境保全対策について」で，取組み始めたとされている．その後1981年に「環境影響評価法案」が国会に提出されたものの，1983年に審議未了，廃案となり，以後，法的には未整備の状態が続いていた．そしてようやく，1997年6月の国会で「環境影響評価法」が成立し，2年後からの実施が決定した．

法的に未整備状態の期間でも，行政ベースでは1984年に「環境影響評価の実施について」の閣議決定がなされ，「環境影響評価実施要綱」が定められた．これに基づき，国が行う事業や，免許などを受けて行われる事業について環境アセスメントが実施されてきた．

しかし，要綱で対象とされている事業は，道路，ダム，鉄道，飛行場，埋立・干拓および土地区画整理事業などの面的開発事業などで，規模が大きく，環境に著しい影響を及ぼすおそれのあるものに限られていた．1994年においてこの要綱に基づく手続きが終了した環境アセスメントは，道路17件，埋立など9件を含め，37件となっている．このような閣議決定に基づく要綱による環境アセスメントのほかに，港湾法，公有水面埋立法などの個別法に基づく環境アセスメントや，発電所の立地にかかわる通産省省議決定に基づく環境アセスメント，地方公共団体（都道府県および政令指定都市）の条例や要綱に基づく環境アセスメントが実施されていた．1994年時点で，41都道府県，7政

令指定都市が要綱や条例を制定していた．

3.3 環境アセスメントの手続き

　環境アセスメントの手続きの流れを，図3.3.1に示す．基本的な流れは次のようになる．

```
      第1種事業        第2種事業
         │               ↓
         │         ┌───────────┐
         │         │ スクリーニング │
         │         └───────────┘
         │               ↓
         ↓
   ┌─────────────────────┐
   │    事  前  調  査    │
   └─────────────────────┘
              ↓
   ┌─────────────────────┐
   │    ス コ ー ピ ン グ  │
   └─────────────────────┘
              ↓
   ┌─────────────────────┐
   │    環境アセスメント    │
   │    調査・予測・評価    │
   │       （準備書）      │
   │       （評価書）      │
   └─────────────────────┘
              ↓
           許認可審査
              ↓
           事業着手
              ↓
   ┌─────────────────────┐
   │    事  後  調  査    │
   └─────────────────────┘
```

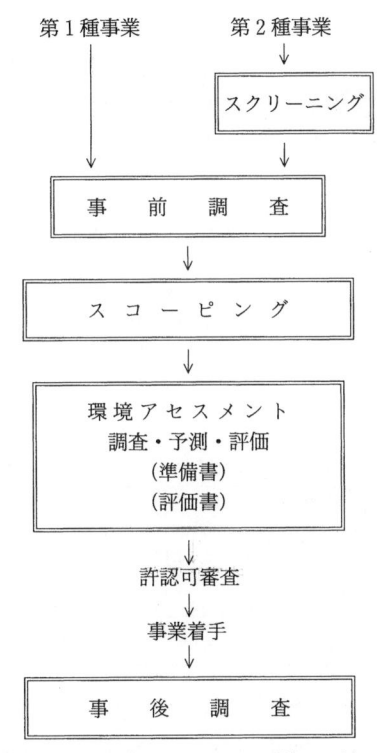

図3.3.1　環境アセスメント手続きの流れ

3.3.1　スクリーニング

　これは事業の内容，規模，地域の環境特性などを考慮して，環境アセスメントを行うかどうかを判定する手続きである．環境影響評価法では，必ずアセスメントを行うこととされている第1種事業と，事業の主務大臣がアセスメントを行うかどうかを決定することとされている第2種事業とに分けている．
　環境アセスメントおよびスクリーニングの対象となる事業の一覧を表3.3.1

表 3.3.1 環境アセスメント法対象事業一覧

	第1種事業	第2種事業
道路		
高速自動車道	すべて	
首都高速道路など	4車線以上	
一般国道	4車線・10 km 以上	4車線・7.5〜10 km
大規模林道	2車線・20 km 以上	2車線・15〜20 km
河川		
ダム・堰	湛水面積 100 ha 以上	湛水面積 75〜100 ha
放水路・湖沼水位調節施設	改変面積 100 ha 以上	改変面積 75〜100 ha
鉄道		
新幹線鉄道	すべて	
普通鉄道・軌道	10 km 以上	7.5〜10 km
飛行場	滑走路長 2500 m 以上	滑走路長 1875〜2500 m
発電所		
水力発電所	出力 3万 kW 以上	出力 2.25〜3万 kW
火力発電所	出力 15万 kW 以上	出力 11.25〜15万 kW
地熱発電所	出力 1万 kW 以上	出力 0.75〜1万 kW
原子力発電所	すべて	
廃棄物最終処分場	30 ha 以上	25〜30 ha
公有水面の埋立および干拓	50 ha 超	40〜50 ha
土地区画整理, 宅地造成事業 工業団地造成事業, 新都市基盤 整備事業, などの　　　　　 　　　　　　　面整備事業	100 ha 以上	75〜100 ha
港湾計画	埋立・掘込み面積 300 ha 以上	

に示す．第1種事業と第2種事業の区分は，主として事業規模によるものであり，たとえば4車線以上の一般国道で，延長 10 km 以上の場合は第1種事業であるが，延長 7.5〜10 km では第2種事業となる．このような第2種事業を対象にしてアセスメントの実施を個別に判断する手続きがスクリーニングである．ただし，第2種事業でも事業者がアセスメントを行うことを決めた事業にはスクリーニング手続きは適用されない．

3.3.2 スコーピング（方法書の手続き）

これは環境アセスメントにかかわる調査・予測・評価を行う前に，その項目

および手法などについて外部の意見をきいて評価範囲を絞りこむ手続きである．これは，わかりやすく効率的な環境アセスメントを行うことを目的とし，個々の事業において地域特性や事業特性に応じた適切な評価項目や手法を選定するものである．この段階を方法書（環境アセスメントを行うにあたり，その計画を記した図書のこと）の手続きともいう．

なお，事業の立地選定段階など計画の早期に環境アセスメントが行われることによって，有効な対策を講じやすくなる，という利点があるが，現行のいわゆる事業アセスメントでは早い段階での環境への配慮は不十分となる．このような問題への対応策として，とくに立地段階における環境配慮を促すことを目的として，スコーピングの前に事前調査を導入した手続きをとっている場合がある．

3.3.3 準備書および評価書の手続き

これは事業者が環境アセスメントの結果を準備書（環境アセスメントの結果をとりまとめた図書）としてまとめ，ついで環境影響評価書（準備書に対して外部の意見を踏まえて，その記載事項について再検討し，述べられた意見とそれに対する事業者の見解を追加して記載したもの）として確定する手続きである．

3.3.4 事後調査に関する手続き

これは，環境アセスメントの手続きを経た事業にかかわる工事の施工中または供用開始後に，当該事業の実施が環境に及ぼす影響について調査し，報告する手続きである．このような事後調査は，環境アセスメントの予測結果の検証や予測の不確実性への対応などを目的として実施される．つまり，環境アセスメント制度の信頼性や実効性を高めるための手続きであるが，環境アセスメント技術の発展にとっても重要な手続きである．

3.4 環境アセスメントの技術
3.4.1 調　査

環境アセスメントにおける調査には，地域の環境特性を把握するための事前調査や現況調査と，事業の工事中や供用開始後の環境の状況を把握するための

表 3.3.2 国のアセス技術指針 (H 10.6)

環境要素の区分			影響要因の区分	1 道路 工事の実施	1 道路 存在・供用	2 大規模林道 工事の実施	2 大規模林道 存在・供用	3 ダム 工事の実施	3 ダム 存在・供用	4 堰 工事の実施	4 堰 存在・供用	5 湖沼開発 工事の実施	5 湖沼開発 存在・供用	6 放水路 工事の実施	6 放水路 存在・供用
環境の自然的構成要素の良好な状態の保持	大気環境	大気質	二酸化窒素	●											
			窒素酸化物												
			二酸化硫黄												
			硫黄酸化物												
			浮遊粒子状物質	●											
			粉じん等	●				●		●		●		●	
			石灰粉じん												
			硫化水素												
		騒音	騒音	●	●			●		●		●			
		振動	振動	●	●			●		●		●			
		悪臭	悪臭												
	水環境	水質	(土砂による)水の濁り	●	●			●		●		●		●	
			水の汚れ	●											
			水温					●							
			富栄養化						●		●		●		
			溶存酸素量						●		●		●		
			水素イオン濃度					●							
		底質	水底の泥土												
			有害物質												
	地下水の水質及び水位		地下水の塩素イオン濃度												●
			地下水の水位								●		●		●
	その他		流向及び流速												
			温泉												
	土壌に係る環境・その他の環境	地形及び地質	重要な地形及び地質	●	●			●							
		地盤	地下水の水位の低下による地盤沈下												
			地盤変動												
		その他の環境要素	日照阻害		●										
生物の多様性の確保及び自然環境の体系的保全		動物	重要な種及び注目すべき生息地	●	●	●	●	●	●	●	●	●	●	●	●
			海域に生息する動物												
		植物	重要な種及び群落	●	●			●		●		●		●	
			海域に生育する植物												
		生態系	地域を特徴づける生態系	●	●			●		●		●		●	
人と自然との豊かな触れ合いの確保		景観	主要な眺望点及び景観資源並びに主要な眺望景観		●										
		人と自然との触れ合い活動の場	主要な人と自然との触れ合い活動の場		●			●		●		●		●	
環境への負荷		廃棄物等	建設工事に伴う副産物	●				●		●				●	
			廃棄物												
			産業廃棄物												
			残土												
		温室効果ガス等	二酸化炭素												

における事業種別環境要素（標準項目）

	7 鉄道		8 軌道		9・10 飛行場		11-1 水力発電所		11-2 火力発電所・原子力発電所		11-3 地熱発電所		12 廃棄物処分場		13 公有水面の埋立		14 土地区画整理事業		15 新住宅市街地開発事業		16 工業団地		17 新都市基盤整備事業		18 流通業務団地		19 環境事業団が行う宅地造成事業		20 住都公団が行う宅地造成事業		21 地振公団が行う宅地造成事業		22 港湾	
	工事の実施	存在・供用	工事の実施	存在・供用	工事の実施	存在・供用	工事の実施	存在・供用	工事の実施	存在・供用	工事の実施	存在・供用	工事の実施	存在・供用	工事の実施	存在・供用	工事の実施	存在・供用	工事の実施	存在・供用	工事の実施	存在・供用	工事の実施	存在・供用	工事の実施	存在・供用	工事の実施	存在・供用	工事の実施	存在・供用	工事の実施	存在・供用	工事の実施	存在・供用
																						●								●				●
						●		●			●	●																				●		●
																													●				
	●		●		●		●		●		●		●		●		●		●		●		●		●		●		●		●		●	
												●																					
●	●	●	●	●	●	●	●	●	●	●	●	●	●	●	●	●	●	●	●	●	●	●	●	●	●	●	●	●	●	●	●	●	●
●	●	●	●	●	●	●	●	●	●	●	●	●	●	●	●	●	●	●	●	●	●	●	●	●	●	●	●	●	●	●	●	●	●
												●																					
					●		●		●		●	●		●		●																	●
							●		●		●																		●				
							●		●																								
							●		●																								
									●																								
	●		●		●		●		●		●		●		●		●		●		●		●		●		●		●		●		●
												●																					
	●		●				●		●		●		●		●		●		●		●		●		●		●		●		●		●
	●		●		●		●		●		●		●		●		●		●		●		●		●		●		●		●		●
	●		●		●		●		●		●		●		●		●		●		●		●		●		●		●		●		●
	●		●		●		●		●		●		●		●		●		●		●		●		●		●		●		●		●
●		●		●																														
						●		●		●		●																					
								●		●																							
										●																			●				

事後調査がある．これらの調査を行うにあたって，技術的に検討すべき課題には，調査項目，調査手法の選定，調査時期，調査期間の決定がある．

(1) 調査項目

基本的な調査項目として，国のアセスメント技術指針に示されている調査項目を表3.3.2に示す．これは，各事業種ごとに，その事業の実施によって影響を与えると考えられる環境要素を標準項目として示したものである．したがって，実際の環境アセスメントにおいては，調査の種類，地域特性，事業の特性などを考慮してこれらの項目から取捨選択したり，必要な項目を追加したりして，メリハリの効いた環境アセスメントになるようにする．

(2) 調査手法

調査の方法には，既存資料を収集してそれを解析する資料（文献）調査と現地測定や現地踏査，現地ヒヤリングを内容とする現地調査とがある．

事前調査はおもに資料調査が中心となり，現況調査と事後調査は現地測定を含む現地調査が中心となる．

(3) 調査時期・調査期間

調査項目に応じて，その環境特性が把握できる時期に調査を行うことが必要である．たとえば，動植物の調査では，それらの季節的活動や，幼生時代や成虫時代といった生活史を考慮することが必要であり，また景観でも季節的特徴を考慮することが必要である．

調査期間については，調査対象の環境要素によって，その時間変動や季節変動を考慮し，適切な期間を設定しなければならない．また，計測値の代表性が確保できるような期間も必要とされる．

(4) 調査範囲

後に述べる，予測・評価範囲が基本になるが，それに加えて，予測・評価に必要な情報を得るために，より広範囲の調査が必要になることもある．たとえば，水質の予測において，汚濁物質流入点から下流の水質を予測するため，上流からの流量や汚濁負荷量の情報が必要になるような場合である．

3.4.2 予　測

環境アセスメントにおいて予測すべきことは，次のようなことである．それ

は，事業または工事の実施によって，
　① どのような環境の変化が，どの程度生じるか
　② CO_2発生量のような，各種の環境負荷がどの程度生じるか
そして，有害物質のような負荷に対しては
　③ 負荷を生じさせない環境配慮がどの程度の効果があるか
ということである．

　このような予測を行うときには，予測対象の条件を設定することが必要である．まず，予測すべき地域については，事業の実施およびそのための工事によって，一定程度以上の環境への影響が想定される範囲と考えられる．次に，予測すべき時期・期間については，工事の影響に対してはその要因が最大になると想定される時期，事業による影響に対しては，その事業が供用開始されて活動などが定常状態になる時期が，基本的に考えられる．

　予測には，定量的予測と定性的予測がある．それらの手法として定量的予測手法には，次のような方法がある．
　a. 数式モデルによる方法
　　　例：流出量予測のためのタンクモデル，水質濃度や大気汚染物質濃度予測のための拡散式，湖沼の水質や生物の変化を予測する生態系モデルなど．
　b. 模型などを用いた実験による方法
　　　例：水理模型による内湾流況予測や気象（風害）予測のための風洞実験など．
　c. 過去の類似例の引用・解析による方法
　　　　統計的手法が用いられれば，定量的な予測に近づく．
　　　例：回帰式による敷衍

　このほか，アンケート（科学的知見をもった専門家を対象）結果を利用したり，動植物に関する予測では，植生変化の面積，生物数の変化，生物種の多様性指数の変化などで記述する方法がある．定性的予測では，生物個体の消失・逃避，繁殖への影響などが予測される．その手法としては，過去の類似例を参考にする方法や専門家からのヒヤリングによる方法がある．また，定性的な予測を行う例として景観の予測がある．従来モンタージュ写真などによって景観イメージを作成してきたが，情報処理技術を利用して，画像処理による景観の予測も可能になってきている．しかし，これらの手法による環境への影響予測

は現在の知識レベルに制約されることは避けられず，完全なものではない．したがって，予測結果の記述にあたって，感度解析の結果を表示したり，信頼性の幅を表示するなど不確実性の程度を示すことも重要である．

現象のより正確な理解，それを組み込んだモデルの開発などによって予測精度を向上させることや新しい技術を応用した予測手法の開発などは，環境アセスメント技術の発展にとって重要な課題である．なお，有害物質のようなものを対象とした環境保全対策の記述も一種の予測と考えられる．

3.4.3 評　価

環境アセスメントにおける評価は，複数の代替案を比較検討することによって行われる．そして，評価の視点としては，環境への影響を実行可能な範囲で回避・低減しているかどうか，あわせて，環境基準値などの環境保全目標と整合しているかどうかということである．このような視点からの評価にあたって，事業計画についての複数案を比較検討するだけでなく，環境保全措置（対策）についても複数案を比較検討する必要がある．比較検討される環境保全措置は，事業によって生じる環境影響を極力最小化することを目的とするものであり，ミティゲイション（環境影響緩和）と呼ばれている．アメリカ国家環境政策法では，ミティゲイションの内容を次のように整理している．

① 回　　避：行為の全体または一部を実行しないことによって影響を回避すること
② 最　小　化：行為の実施の程度または規模を制限することにより影響を最小化すること
③ 矯　　正：影響を受けた環境そのものを修復，再生または回復することにより影響を矯正すること
④ 低減・除去：行為期間中，環境を保護および維持管理することにより影響を低減または除去すること
⑤ 代　　償：代替の資源または環境を置換または提供することにより影響を代償すること

評価対象の環境保全目標としてとりあげられるものには，環境基準値，規制基準値などの各種基準値のほか，ごみの資源化率や二酸化炭素排出削減目標値

など環境基本計画の目標値などがある．

評価対象として，これまでは自然環境に関する項目が中心であった．しかし，近年，景観条例の制定などによって建築物の色や外観などに規制を課している事例がみられるようになり，このような環境項目を評価対象とする必要も生まれてきている．また，史蹟や文化財の保全といった観点も必要になってきている．今後，評価対象の広がりがよりいっそう求められるようになる．

最終的な評価にあたって，各項目ごとの評価を総合することが重要である．しかし，その手法が確立されているとはいえないのが現状である．実際には，予測評価結果を一覧表にまとめ，それを重点化，簡略化して総合評価したり，環境要素を動物・植物，生態系，景観などと，水質汚濁，大気汚染などの公害系にグループ化し，まず前者で総合評価し，その後，後者で総合評価する，といった方法で総合化が試みられている．

3.4.4 各種図書の作成

環境アセスメントが実施されると，方法書，準備書，評価書など各種の図書が作成される．これらの図書は，環境アセスメントの内容に関する情報を共有するためのものであり，的確にしかもわかりやすく表現されていることが必要である．つまり，評価書では，結論だけでなく，評価に至った考え方，手法などがわかるように記述されていることなど，それぞれの図書の内容が充実していることが必要であり，それが，専門家だけでなく市民にもわかりやすく表現されていることが必要とされる．

3.5 環境アセスメントの課題

環境アセスメントの準備書を作成するには環境に関する各種の資料・データを収集する必要がある．これらのデータなどは，公共団体で図面として整理されていることが多い．そのため，データ・資料の収集は多くの図面を収集することになる場合が多い．このような情報が共通のフォーマットでデジタル化されたり，オンラインで入手できるようになっていれば，データ・資料の収集はかなり効率的に行えるようになる．このような状態を実現するためのシステムがGIS (geographical information system, 地理情報システム) である．こ

れは，定められたフォーマットで記述された位置情報をもつ各種データベースの管理システムである．これによって，ある条件でデータを抽出したり，重ね合わせたりすることが可能となる．今後このようなシステムが発展して，環境アセスメントを実施する際に応用できるようになることが期待されている．

GISの整備・普及とも関連するが，各種環境に関するデータのデータベース化も，重要な課題である．現在，道路統計年鑑や水質年表，流量年表など各種統計データが発表されているが，必ずしもコンピュータで扱えるようにはなっていない．そのため，データの検索や解析などに多くの労力が必要となっている．また，これらのデータや解析結果を可視化するための技術も開発が期待されている．

現行の環境アセスメントにおいて，評価の対象は個別の環境要素である場合が多い．環境アセスメントの本来の目的を考えれば，政策決定の段階で行われることが望ましいが，そのためには，個々の環境要素に対する評価だけではなく，総合的な評価が必要になる．その場合の評価軸を何にするかに関連して，リスク評価・リスク分析，LCA（life cycle assessment）などの考え方や技術の発展が望まれている．また，企業活動に対する環境面からのチェックとして，環境監査が行われ始めているが，環境アセスメントの事後モニタリングにおける考え方と関連して事業活動に対する環境監査も検討課題である．

以上のような技術的課題のほかに，先進的な自治体と比べると逆行と指摘されるアセスメントへの住民参加についてや，事業決定への環境省の役割強化など環境アセスメント法の充実といった課題もある．

演習問題

3.3.1 環境アセスメント実施の流れを説明せよ．
　（キーワード：計画，分析，予測，評価，事後評価，など）
3.3.2 環境アセスメントの予測・評価項目にどのようなものがあるか調べよ．
　（キーワード：水質，騒音，植物，動物，景観，史跡・文化財，など）
3.3.3 予測・評価項目の一例をあげ，その手法を説明せよ．
　（キーワード：（例として植物の場合）植物群落の変化，貴重種，緑化面積，など）

4章
環境保全と創造

4.1 景観保全
4.1.1 景観の考え方

　景観とは，人間の視覚を通してもたらされる印象である，と説明される．視覚の対象である景観対象は物理的なものであるが，印象には感覚的な要素や過去の体験なども関連する．景観の対象は，ある一点からの眺めや移動しながらの眺め，地域全体のイメージなどに分けられる．

　ある一点からの眺めは，展望台からの眺めが典型的なものである．景観対象は基本的には固定しており，その対象の形態や構図，大きさや色彩の調和関係などが印象を形成する．

　移動しながらの眺めは，たとえば舟下りやドライブをしながらの眺めであり，視点の移動によって景観の対象は変化する．対象の多様性やまとまりといったことも印象を形成する要因になる．

　地域全体のイメージは，たとえば運河を生かした地域づくりや歴史的な建物を生かした地域づくりなどで形成された景観である．複数の視点からの眺めという要素とともに，そのなかに存在するという要素も印象を形成する．この場合は，景観対象の形態や大きさ・色彩などの調和といった要素に加えて，歴史的なものとか希少的なものとかの要素も印象に影響する．

4.1.2 景観の評価

　景観を評価するときの基準を次のように整理することができる．
　① 視覚特性に基づく評価
　　　目で見て認識しやすいこと．すなわち，まとまりや変化，目を引き付ける焦点，誘目性があるかどうかということ．

② 生物的・生態的視点からの評価
　安全性や快適性が感じられること．すなわち，人間が一生物としてその場所で生存可能かどうか，ということ．
③ 希少性による評価
　景勝地など，ほかではみられない風景かどうかということ．
④ 社会的意味付けによる評価
　価値観からの評価．これは，時代や地域による相違がある．

これらは，各個人が景観を評価するときの基準を整理したもので，個人によってこれらのあるものに重点をおいていたり，これらと別の基準で評価したりすることもある．また，視覚特性や安全性・快適性については，比較的多くの人に共通した印象となるが，希少性や価値観などからの評価は，個人による差が大きい．

このような特徴をもつ景観評価を適切に行い，それが有効であるためには，できるだけ早い段階で具体的なイメージをもとにして評価されることが望ましい．そのための支援システムとして，CG（computer graphics）の利用が期待される．

4.1.3 景観要素と景観設計

具体例として河川景観をとりあげて，景観を構成する要素について検討する．
河川景観の特徴を考えるときに，まずとりあげられるのは，河川には流れる水がある，すなわちつねに動きがあるということである．動きの早さ（流速）や量（流量）の違いは，流域の地形的な条件によって決まってくる．また，日本の河川の場合は下流域では比較的広い河川敷などのオープンスペースが存在する．

このようにみてくると，河川景観を構成する要素として次のようなものがあげられる．
① 河道の幅や勾配などの形態とそこを流れる水，そしてその水量・水質
② 河道内や沿川の植生と生態
③ 河川敷や沿川，周囲の構造物，河川横断構造物など
④ 遠景

⑤ 変動要因としての季節，天候，時刻など

これらの要素が組み合わさってそれぞれの景観が形成されている．

河川の景観設計は河道改修，護岸，堤防，橋梁などの構造物をつくる際に行われる．このとき，それぞれの景観要素を生かすとともに，これらの景観に対する地域の特徴を生かしながら，景観の形成・保全が行われなければならない．さらに，構造物を入れた造形的な景観設計だけでなく生態系に配慮した環境問題としての景観設計や，構造物の機能を表現する構造物デザインだけでなく自然風景としての景観デザインも含めた河川景観設計が今後必要とされる．そして，地域の特徴を生かした個性ある河づくりが必要とされている．

なお，河川の景観を試みに分類してみると，流れ方向を見る景観（流軸景観）とそれと直角方向になる対岸を見る景観（対岸景観），それに河川全体を見下ろすような高い位置からの景観（俯瞰景観）に分けられる．

4.2 緑　　化
4.2.1 植物，森林の機能・効用

植物・森林の機能は，第1編2章の森林生態系でも述べたが，都市における植物・森林の機能という視点でもう一度整理すると次のようになる．

① 環境・衛生保全機能

　酸素の供給とともに，防じん・大気汚染物質の吸収など空気浄化の機能，気温変化の緩和機能，窒素・リンの吸収などによる水の浄化機能などがある．

② 防災機能

　防音，防風，防火機能などがある．

③ その他，保健的，心理的機能

　スポーツ・レクリエーション活動の場として機能するほか，快適感が得られることや情操かん養の場としての機能などがある．

これらの機能を複合してもった緑の施設が都市のなかの公園緑地であり，街路緑地であり，環境保全林などである．

このような機能をもつ植物・森林の生育には，次に示すさまざまの要因が影響を与える．

① 気候的要因：光，温度，水，風，CO_2濃度など
② 地形的要因：土地の傾斜角，傾斜方向，山地と平野，尾根と谷など
③ 土地的要因：地質，土壌の化学的・物理的特性，土壌養分など
④ 生物的要因：手入れ（間伐，草刈りなど），踏み付け，草食性野性動物の存在など．

これらのなかでとくに，光・温度・水分・土壌・風が重要な要因である．また，都市における生育を考えるときには，公害抵抗性といった側面から樹木の種類や栄養条件の選定も重要である．

4.2.2 都市の緑化

都市環境の改善のために，いろいろな対策が講じられているが，それらの多くは，個々の問題に対応する技術的対策を実施するという方法である．これに対して，植物・森林の効果を複合的に生かして，都市環境の改善を総合的に図るという方法が都市の緑化である．とくに近年，都市の熱環境の悪化，すなわちヒートアイランド現象が広がってきているが，都市の緑地が水とともに貴重な冷却源になっているという認識から，都市緑化の重要性が叫ばれるようになってきた．しかし，都市部の緑地は少なく，たとえば仙台市でも市街化調整区域の緑被率が約90％であるのに対して，市街化区域の緑被率は約25％程度である．

都市部の緑を増やすための方策として，具体的には，公園の緑地化，街路や道路の緑化，残存緑地の環境保全林としての整備・保全，緩衝緑地の設置などがある．また最近では，都市のなかに存在する多くの人工構造物の屋上や壁面，高架道路のような人工地盤を，緑化の対象とするための技術，特殊緑化技術の検討・開発が行われている．このほか，都市河川などの水辺は，道路とともに連続した緑を形成することができる可能性をもっており，これによって公園などの点在する緑をつないで，緑のネットワークを形成できる可能性もある．

4.2.3 道路緑化

道路の緑化は，都市部の緑を増やすという意義に加えて，次のような機能が交通の安全性を高めるという意義もある．

① 遮光，遮蔽，明暗順応，景観形成（心理的安全性をもたらす）
② のり面保護，環境保護緩衝植栽（これらは，防災・公害対策でもある）

植物は，大気汚染物質である窒素酸化物（NO_x）や硫黄酸化物（SO_x）を吸収・吸着する能力をもっている．また，植樹帯は大気汚染物質の拡散を促進する働きもある．したがって，道路緑化は自動車からの排気ガスを浄化する機能も期待できる．ただし，道路の両側に植樹帯があって車道が樹冠に覆われているような場合には，車から排出された排気ガスの拡散が妨げられる場合もある．

4.2.4 緑の政策大綱

植物とそれが存在する空間を"緑"という言葉で表現し，その保全，創出，活用に関する施策の基本方向と目標を定めた緑の政策大綱が，1994年7月，建設省によって取りまとめられた．そこでは，次のような基本方向と目標が示されている．

基本方向
① "緑"の保全・創出とそれらの有機的結合を図ることによって自然と共生した生活環境を形成する．
② 地域の特性ある環境と景観を形成する"緑"の保全・創出によって，ゆとりと潤いのある生活環境を形成する．
③ "緑"の保全・創出・活用を通じて，心身の健康増進に資する余暇空間づくりを推進する．
④ "緑"の保全・創出を，行政，市民，企業などの協力のもとに推進する．

さらに，個別政策の21世紀初頭までの目標の一例として次のようなものが設定されている．
① 幹線道路延長の植栽率を約3割とする．
② 景観上重要な急傾斜地斜面の植栽率を約3割とする．
③ 多自然型川づくりの実施を，河川延長の約1割とする．
④ 公園の整備とともに，公園内の植樹面積の増加に努める．
⑤ 都市の緑地保全地区面積を11000 haとする．

4.3 多自然型河川整備
4.3.1 多自然型河川整備とは

"多自然型河川整備"とは,「河川が本来有している生物の良好な生息環境に配慮し,あわせて美しい自然環境を保全あるいは創出する事業」とされている.その目的は,河川に多様な生物が多数生息できるような川づくりを行うことと,水辺の自然的な風景を保全・創造することである.

第一の目的である,生物への配慮ということの内容は,生物が誕生・成長・産卵というライフサイクルを全うできる環境を備えることである.しかし,生物によってライフサイクルを全うできる環境は異なるのが普通である.そこで,どのような生物を対象とするかが問題となる.考え方としては,その河川の希少種,その河川環境を代表する種,環境変化に弱い種,有用種などを含む,多くの種を対象とするということや,本来その河川に生息すべき種を対象とするということがあるが,その判断は容易ではない.また,生物についての情報が必ずしも十分ではないときには,できるだけ多様な環境要素を,保存,復元,創造することによって生物に配慮することが必要である.

第二の目的は,景観への配慮ということができる.すなわち,整備された結果つくりだされた景観と周辺の景観との調和を図ることが求められる.また,河川整備は整備の結果が景観をつくりだす.つまり,河川幅,勾配は,景観要素としての水の流れをつくりだす.また,河川の植生や生態,周囲の構造物はそれらがそのまま景観要素となる.こうした景観が良好であるとともに,周辺景観との調和が求められる.

さらに,このような目的で行われる"多自然型河川整備"は,治水上の安全性と河川の利用を前提にするものであり,洪水のコントロールと親水性や水利用など川と人間との結びつきを考慮することも必要である.

4.3.2 河川生態系の特徴

河川整備にあたって生物への配慮を的確に行うためには,河川生態系の理解が必要である.河川生態系の特徴は次のように整理される.

① 生態系が開放系であること.つまり,水の流れによる物質の移動量が大

きく，循環量が少ない．
② 上流から下流まで水の流れによって連続している．
③ 水の流れがネットワークを形成する．それによって周辺との結びつきが大きくなる．
④ 洪水，増水，渇水などの水量変動によって生物の生息環境は不安定となる．
⑤ 水の流れがつくりだす環境は多様性がある．たとえば，瀬，ふち，淀み，浮き石，沈み石など多くの環境要素が存在する．

4.3.3 多自然型河川整備の方法

これまでの多自然型河川整備で，配慮対象となった生物は魚介類が多く，次に植物，鳥などが多い．また，整備にあたって工夫された工種は，低水護岸工事，高水護岸工事，根固め工事などが多い．

具体的には，これらの工事で次のような方法が採用されている．

低水路工事では，魚類の餌場，休息，避難場所などに配慮することを目標に，
① 屈曲やふくらみをもった低水路のり線の採用
② ふち保全のための根固め位置の工夫
③ 河道内の置き石
④ 干潟の造成
⑤ 植生の工夫

などが行われる．

護岸，根固め工事では，構造，材料などの工夫を目的に
① 水理特性に応じ，植生と木または石材を使用した河岸保護
② かご，捨て石など多様な空隙構造をもつ材料の採用

などが行われている．

多自然型河川整備の例として，水生植物の植栽と置き石によるふちの創出を組み合わせた河川工法の概念を，図3.4.1に示した．

4.4 エコロード

道路整備にあたって，従来にも増して自然環境との調和が求められるようになってきた．それは，路線の選定という計画段階における自然環境への配慮

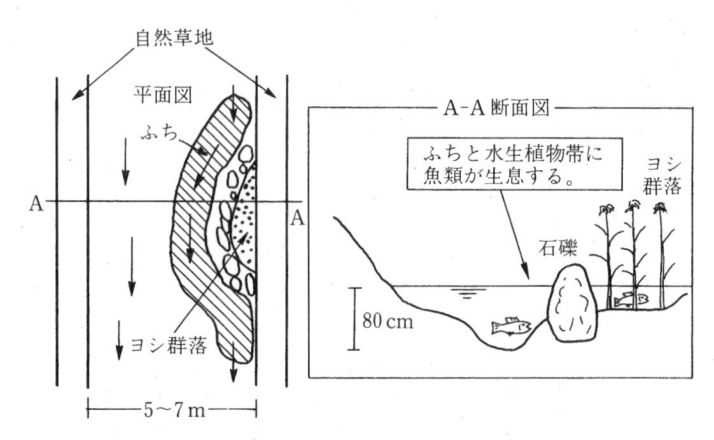

図 3.4.1 水生植物とふちを組み合わせた河川整備のイメージ例
［金子是久：多自然研究，第 32 号，1998.5］

とどまらず，設計・施工・維持管理までの各段階で自然環境への影響を少なくするための配慮が求められている．

エコロードという言葉は，生態系あるいは身近な野生動植物の生息に配慮した道路という意味を表すものとして用いられている．エコロード建設に必要な対策の概要を，調査・計画，設計・施工，維持管理の各段階ごとに述べる．

調査・計画の段階では，自然環境保全を要する地域を避けるような路線選定を行うことや自然環境の改変が少ない道路構造，たとえばトンネル構造の採用などがおもな対策となる．

次に，設計・施工段階では次のような対策がある．

① 動物移動路の確保　オーバブリッジやボックスカルバートによる道路横断のための移動路を確保する．またその際，移動路へ動物を誘導したり，身を隠すことができるような植栽を設置するなどの配慮も必要である．

② 自然に配慮した照明　昆虫などが影響を受けにくい波長の光を選択したり，道路外に光を洩らさない対策などが考えられる．

③ 生息域の移転　その場での保全が不可能な場合には，ほかの地域に生息域を移転させることも対策の一種である．

④ その他，小動物が這い出せる側溝，動物侵入防止柵の設置などの対策がある．

維持管理の段階では，対策の効果を確認する意味で，追跡調査を行うことが必要である．それによって，対策の改善が図れることになる．

4.5 その他の環境保全創造技術
4.5.1 エコロジカルエンジニアリング（生態工学）

エコロジカルエンジニアリング（ecological engineering）は，環境保全のために自然生態システムを積極的に利用しようとするものである．多自然型河川工法が目指しているのはその一種であると考えられる．また，水質浄化のために湿地を利用する方法や水生植物を利用する方法，人工干潟，土壌浸透による水質浄化法なども生態工学の典型の一つである．生態工学の特徴の一つは，化石エネルギー消費量が少ないことである．地球温暖化抑制のためにCO_2の排出削減が重要な課題となっている現在において，このような視点は重要である．したがって，生態系の機能強化とその積極的利用を図る生態工学の役割は大きい．と同時に，環境容量の考え方と結びついたこのような技術を広めることは，人間活動のあり方全般を問うことにもつながる．

なお，エコロジカルエンジニアリングとは別にエコテクノロジー（eco-technology）という言葉がある．近年，エコシティー，エコロードなどのように，エコという言葉を接頭語的に用いて，環境への配慮や，環境にやさしいという意味を表現することが多くなっている．エコテクノロジーという言葉は，以前は自然環境生態系の仕組みを生かした技術（エコロジカルエンジニアリング）という意味で用いられることが多かったが，最近では"環境と共生した"あるいは"環境と共生するための"技術全般を表すことが多い．その意味では，本章で触れられる技術は，すべてエコテクノロジーであるということができる．また，建設資材のリサイクル技術や建設機械の省エネルギー化技術なども広い意味でのエコテクノロジーの一種であるといえる．

4.5.2 ミティゲイション

環境保全の手法の一つに，ミティゲイション（mitigation）という考えがある．言葉の意味は緩和，軽減ということであり，ある行為に伴う環境の被害を極力減少させ（reduce），損なった環境を復元し（repair），それらが不十分な

場合はその場所またはほかの場所に新しい環境を再生・創造し（replace），トータルとしてみた環境への影響をゼロにしていこうとする考え方，と定義されている．また，影響を回避するために，ある行為を実施しないことも含める考え方もある．

ミティゲイションが適切に行われるためには，生態系に関する知見の蓄積とそれを生かす応用技術の発展が必要である．生態学と土木工学の双方からの発展が期待されている．

4.5.3 バイオマニピュレイション

環境管理技術として最近検討され始めてきたものに，バイオマニピュレイション（生物操作，biomanipulation）という手法がある．これは，主として水界の生態管理で検討されている．具体的には，富栄養化による植物プランクトンの増加が水界の透明度を低下させるが，それを防止するため，植物プランクトンの捕食者である，動物プランクトンを定着させる目的で，動物プランクトンの捕食者である魚類を適正に除去するという管理手法である．これは，水界生態系の食物連鎖の一部をコントロールすることによって，良好な（透明度の高い）水質環境を保全・創造しようという考え方である．

この手法も，生態学や扱う生物についての知識が必要であり，今後の発展が期待されている．

4.5.4 バイオレメディエイションとファイトレメディエイション

バイオレメディエイション（生物修復，bioremediation）とは生物，とくに微生物を利用した環境修復技術である．この技術は，土壌汚染，とくに石油や有機塩素化合物によって汚染された土壌を浄化するのに適用することを目的に，現在開発が行われている．これは，石油や有機塩素化合物を分解する能力をもつ微生物を汚染された場所に接種し，汚染物質を分解させる方法である．微生物の代わりに，植物を用いて重金属のような汚染物質を吸収除去させる方法をファイトレメディエイション（植物修復，phytoremediation）と呼んでいる．

これらの方法では，植物や汚染物質を分解する微生物に，遺伝子工学的手法を適用してその能力を高めることも研究されている．

4.5.5 ビオトープ整備

ビオトープ (biotope) とは，「特定の生物群集が生存できるような，特定の環境条件を備えた均質なある限られた地域」と定義されており，生態学的な空間単位を表している．つまり，動植物の生息空間という意味であり，そこに存在する固有の生物群集を保持する空間をさす．しかし，その空間の考え方は，池や湿地，雑木林などのようなものから，それらがネットワーク化したものまで幅がある．

ビオトープの整備は，その地域の生物的な多様性を保存する意義をもつと同時に，人間と生き物とのふれあいの機会が増えるという意義ももっており，環境学習の場としても位置づけられる．

ビオトープ整備の事例としては，国営昭和記念公園にあるトンボの湿地や野鳥のビオトープ（バードサンクチュアリともいう），ホタルのビオトープ（東京都立野川公園）などがある．また，水辺のビオトープ，道路周辺のビオトープなど，特定の生物群集だけを対象にしたものではなく，都市内の空間を生物の生息に配慮したものにするというビオトープ整備がある．

これらの整備のためには，ビオトープを構成する環境要素，すなわち地形，土壌，水象，気象などの無機的環境要素と植物相，動物相といった生物的環境要素を調査し，その生態的な構造を明らかにして設計・施工することが必要である．しかしこのような技術は，現在確立されているものではなく，今後の研究開発が必要とされている．

演習問題

3.4.1 河川景観の構成要素を説明せよ．
（キーワード：水の流れ，河川植生，沿川建築物，遠景，自然生態，など）
3.4.2 多自然型河川整備の具体的事例を調べ，その目的や特徴をまとめよ．
（キーワード：例　ホタルの生息，副水路，水際植生，など）
3.4.3 エコロード建設やビオトープ整備のための対策を述べよ．また，これらの具体的事例があればそれを調べ，その特徴や課題を述べよ．
（キーワード：例　動物移動路設置，蛇行復元，河畔植生保全，など）

参考文献

第1編

1章
1) 本田幸雄訳：地球白書，福武書店，pp.280-290，1986
2) 茅　陽一編：地球環境工学ハンドブック，オーム社，pp.35-888，1991
3) 東京大学公開講座：環境，東京大学出版会，pp.3-204，1991
4) 日本化学会編：陸水の化学，学会出版センター，pp.69-78，1992
5) 日本化学会編：大気の化学，学会出版センター，pp.62-115，1990
6) 石　弘之：地球環境報告，岩波書店，pp.191-224，1988
7) 三寺光雄：環境大気と生態，共立出版，pp.2-27，1983
8) 只木良也：森の生態，共立出版，pp.22-153，1983
9) 河村　武，岩城英夫：環境科学，自然環境系，朝倉書店，pp.231-256，1990
10) 松本順一郎編：水環境工学，朝倉書店，pp.187-197，1994
11) 松井孝典：水惑星はなぜ生まれたか，講談社，pp.14-192，1987
12) 高橋浩一郎，岡本和人：21世紀の地球環境，NHKブックス，pp.25-42，1987
13) 環境庁編：平成7年版環境白書（総説），大蔵省印刷局，pp.323-390，1995

2章
1) 只木良也：森の生態，共立出版，pp.22-153，1983
2) 塚本良則編：森林水文学，文永堂出版，pp.1-25，1992
3) 茅　陽一編：地球環境工学ハンドブック，オーム社，pp.735-743，1991
4) 中村英夫編：緑のデザイン，日経技術図書，p.55-74，1990
5) 栗原康編著：河口・沿岸域の生態学とエコテクノロジー，東海大学出版会，pp.1-160，1991
6) 荒木，沼田，和田編：環境科学辞典，東京化学同人，pp.412-413，1985
7) 環境庁編：平成7年版環境白書（総説），大蔵省印刷局，pp.324-404，1995
8) 高橋ほか：土木工学大系 4 自然環境論III，彰国社，pp.265-272，1980
9) 理科年表，丸善，p.地46-地55，1996
10) 石井一郎：環境工学 第2版，森北出版，pp.126-142，1996
11) 河村，岩城編：環境科学，自然環境系，朝倉書店，pp.231-256，1990

第2編

1章

1) 松本順一郎編：水環境工学，朝倉書店，pp.39-218，1994
2) 由井正臣：田中正造，岩波書店，pp.101-217，1984
3) 木宮高彦：公害概論，有斐閣，pp.28-54，1974
4) 96/97 世界国勢図会，国勢社，1996
5) 環境庁水質規制課編：水質汚濁・下，白亜書房，pp.1-25，1973
6) 手塚泰彦：河川の汚染，築地書館，pp.26-98，1974
7) 国松孝男，菅原正孝：都市の水環境の創造，技報堂，pp.48-59，1988
8) 茅　陽一編：地球環境工学ハンドブック，オーム社，pp.220-229，1991
9) 総務庁統計局編：第43回日本統計年鑑，日本統計協会，1993
10) 中村英夫：都市と環境，ぎょうせい，pp.68-74，1992
11) 土木学会編：土木工学ハンドブック，技報堂，1989
12) 水利科学研究所編：水質汚濁と廃水処理，地人書館，pp.78-188，1973
13) 津野　洋，西田　薫：環境衛生工学，共立出版，pp.24-42，1995
14) レイチェル・カーソン：沈黙の春，新潮文庫，1985
15) シーア・コルボーンほか：奪われし未来，翔泳社，1997
16) 立花　隆：環境ホルモン入門，新潮社，1998

2章

1) 新環境管理設備事典編集委員会編：大気汚染防止機器，(株)産業調査会事典出版センター，1995
2) オーム社編：環境年表'96/'97，オーム社，1995
3) 竹林征三編著：技術士を目指して（建設部門）建設環境，山海堂，1995
4) 津野　洋，西田　薫：環境衛生工学，共立出版，1995
5) 住友　恒，細井由彦：環境衛生工学，朝倉書店，1987
6) 環境庁編：環境白書平成7年版総説，大蔵省印刷局，1995
7) 環境庁編：環境白書平成7年版各論，大蔵省印刷局，1995
8) 荒木　峻，沼田　眞，和田　攻編：環境科学辞典，東京化学同人，1985
9) 石井一郎：環境工学 第2版，森北出版，1994
10) 宮城県環境基本計画，宮城県環境生活部環境生活課発行，1997
11) 北大衛生工学科編：健康と環境の工学，技報堂出版，1996
12) 仙台市の環境　第27号，仙台市環境局発行，1998

3章

1) 久馬一剛ほか：新土壌学，朝倉書店，1984
2) 環境庁編：平成10年版環境白書，大蔵省印刷局，1998

3) 鵜戸口昭彦ほか：土壌・地下水汚染浄化の現状と課題, 水環境学会誌, **17**, No.2, 1994
4) 藤倉まなみ, 柳　邦宏：日本の土壌汚染と浄化対策について, *INDUST*, **14**, No.1, 1999
5) ドミー・C・アドリアーノら：Role of Phytoremediation in the Establishment of a Global Soil Remediation Network, Proceedings of International Seminar on Use Plants for Environmental Remediation, 1997
6) 荒木　峻, 沼田　眞, 和田　攻編：環境科学辞典, 東京化学同人, 1985
7) オーム社編：環境年表'96/'97, オーム社, 1995
8) 環境教育事典編集委員会編：環境教育事典, 労働旬報社, 1992

4章

1) 厚生省生活衛生局水道環境部産業廃棄物対策室編：産業廃棄物処理ハンドブック平成6年版, ぎょうせい, 1994
2) 産業廃棄物処理業に関する新規許可講習会テキスト, 産業廃棄物の処分課程, 財団法人日本産業廃棄物処理振興センター, 1994
3) 廃棄物学会編：廃棄物ハンドブック, オーム社, 1996
4) 厚生省生活衛生局水道環境部計画課編：廃棄物六法平成5年版, 中央法規, 1993
5) 厚生省水道環境部：廃棄物関係統計総合資料集, 都市と廃棄物, **26**, No.10, 1996
6) 新環境管理設備事典編集委員会編：廃棄物処理・リサイクル, (株)産業調査会事典出版センター, 1995
7) 田中　勝, 高月　紘：現代のごみ問題技術編, 中央法規出版, 1989
8) 志垣政信編著：絵とき廃棄物の焼却技術, オーム社, 1995
9) 大澤正明：新々ごみ処理ばなし（第2回）, 都市と廃棄物, **28**, No.12, 1998
10) 石川禎昭：ごみ教養学, 中央法規出版, 1989

5章

1) 通産省環境立地局：公害防止の技術と法規, 騒音編, 産業環境管理協会, pp.1-265, 1997
2) 安全工学協会編：騒音・振動, 海文堂, pp.17-73, 1982
3) 大北忠男編：新版環境工学概論, 朝倉書店, pp.146-181, 1981
4) 坂本守正ほか：改訂新版環境工学, 朝倉書店, pp.110-135, 1987
5) 津野　洋, 西田　薫：環境衛生工学, 共立出版, pp.200-232, 1995
6) 石井一郎：環境工学 第2版, 森北出版, pp.6-53, 1996
7) 住友　恒, 細井由彦：環境衛生工学, 朝倉書店, pp.66-79, 1995
8) 加藤邦興ほか：現代環境工学概論, オーム社, pp.88-98, 1978

9) 通産省環境立地局：公害防止の技術と法規，振動編，産業環境管理協会，pp.1-237，1996

第3編

1章
1) 竹林征三編著：実務者のための建設環境技術，山海堂，1995
2) 米倉亮三：技術士を目指して（建設部門）建設一般，山海堂，1996

2章
1) 竹林征三編著：技術士を目指して（建設部門）建設環境，山海堂，1995
2) 石井一郎：環境工学 第2版，森北出版，1994
3) 本多淳裕，山田 優：建設系廃棄物の処理と再利用，(財)省エネルギーセンター，1990
4) 住友 恒，細井由彦：環境衛生工学，朝倉書店，1987
5) 建設工事環境対策研究会編：建設工事における環境対策と廃棄物処理実務全書，(株)技術資料センター，1987
6) 特集・これからの建設副産物，土木学会誌，**77**，No.6，1992
7) 建設業界グラフ28号，社団法人日本土木工業協会，1998
8) 武田信生：総論「大量副産物の資源化・リサイクル」，エネルギー・資源，**18**，No.6，1997

3章
1) 竹林征三編著：実務者のための建設環境技術，山海堂，1995
2) 日本環境会議編：環境基本法を考える，実教出版，1994
3) 荒木 峻，沼田 眞，和田 攻編：環境科学辞典，東京化学同人，1985
4) 環境教育事典編集委員会編：環境教育事典，労働旬報社，1992
5) 石井一郎：環境工学 第2版，森北出版，1994
6) 環境庁編：環境白書平成7年版総説，大蔵省印刷局，1995
7) 環境庁編：環境白書平成7年版各論，大蔵省印刷局，1995
8) 津野 洋，西田 薫：環境衛生工学，共立出版，1995
9) 松本順一郎編：水環境工学，朝倉書店，1994
10) 竹林征三編著：技術士を目指して（建設部門）建設環境，山海堂，1995
11) 北大衛生工学科編：健康と環境の工学，技報堂出版，1996

4章
1) 竹林征三編著：実務者のための建設環境技術，山海堂，1995
2) 竹林征三編著：技術士を目指して（建設部門）建設環境，山海堂，1995

演習問題略解

第1編

1章
1.1.1 p.2～6 参照
1.1.2 温室効果ガスの影響の度合いは以下のとおりである．

		二酸化炭素	メタン	亜酸化窒素	オゾン	フロン
		CO_2	CH_4	N_2O	O_3	CFC, HCFC
質的	温室効果	（1として）	20	100	2000	10000
量的	地球温暖化への影響 (1850～1990)	64 %	19 %	6 %		6 %

1.1.3 p.10～14 参照
1.1.4 p.15～16 参照

2章
1.2.1 p.20～25 参照
1.2.2 p.21～22 参照
1.2.3 p.20～25 参照
1.2.4 p.25～30 参照
1.2.5 海洋汚染，生物多様性の減少，有害廃棄物の越境移動など
1.2.6 水質年表，環境白書などを参照
1.2.7 小倉紀雄：調べる，身近な水，講談社ブルーバックスなど参照
1.2.8 p.30～34 参照

第2編

1章
2.1.1 p.40～42 参照
2.1.2 p.43～48 参照
2.1.3 p.48～51 参照

2.1.4 p.54〜56 参照

2.1.5 流入 BOD の load＝450000 g/day，TN の load＝200000 g/day，したがって増加水質は，BOD 濃度＝0.260 mg/l，TN 濃度＝0.116 mg/l

2.1.6 $C(1, 20)=82.6$ mg/l，$C(1, 40)=117$，$C(1, 60)=110$，$C(1, 80)=98.5$ mg/l となり，40 分後に最大濃度に達した後，徐々に減ずる．

2.1.7 p.55〜58 参照

2.1.8 $K_d=0.863$ (1/day)，さらに 1 日流下すれば，$C_d=2.11$ mg/l となる．

2.1.9 p.62〜63 参照

2.1.10 p.63〜66 参照

5 章

2.5.1 p.123〜125 参照

2.5.2 1) 規制値は作業場所の敷地境界
2) $L_w=112.5$ dB(A)

2.5.3

	昼	夜
道路近傍	63.5 dB 不適合	45.0 dB 適合
背後地	58.6 dB 適合	40.1 dB 適合

2.5.4

中心周波数 Hz	音圧レベル dB	補正値 dB	騒音レベル
125	92	−16.1	75.9
250	81	−8.6	72.4
500	78	−3.2	74.8
1000	72	0	72
2000	65	+1.2	66.2

オーバオールレベル L は，音圧 $L=92.5$ dB，騒音 $L=80.3$ dB(A)

2.5.5 累加度数曲線から 80%レベルの上端値 $L_{10}=54$ dB

2.5.6 p.131〜132 参照

索　　引

欧字先頭

α 中腐水性　62
β 中腐水性　62
EP　76
ESP　76
GIS　175
LCA　176
NO_x　11
PCB　47, 71, 116
RDF　99
SO_x　11
Streeter-Phelps の式　60
TEQ　103

あ 行

アジェンダ21　145
足尾銅山　44
アスファルトくず　156
アスベスト　72, 79
圧縮波　136
亜熱帯多雨林　21
暗騒音　123
安定型処分場　96, 111
安定五品目　113
硫黄酸化物　11
異化作用　57
いき値　132
イタイイタイ病　44
一次汚染物質　11
一次元拡散　54
一次生産　17
一次反応　59
一酸化炭素　73
一酸化窒素　72
一般廃棄物　90
移動発生源　34
いぶし型　69
移流項　54
ウイーン条約　37
ウォーターフロント　63
埋立処分　108

エアロゾル　11
エコテクノロジー　185
エコロジカルエンジニアリング　66, 185
エコロード　184
エネルギー資源　3
塩化水素　101
塩化水素ガス　77
塩水クサビ　27
鉛直振動特性　136
円筒波　138
扇　型　69
オゾン層　9
オゾンホール　9, 82
汚　泥　93
汚泥の調質　107
音の大きさのレベル　121
音の回折　130
音のスペクトル　121
音の強さ　119
オーバオールレベル　121
音　圧　119
音圧レベル　119
温室効果　6
温暖化　9

か 行

快適な水環境　66

回　避　174
海　浜　25
開放系　18
海洋投入処分　108
街路緑地　179
拡散項　54
核分裂　5
核融合　5
可採年数　4
加　振　139
化石燃料　4
河川景観　178
可聴範囲　118
家電リサイクル法　116
カドミウム　46
ガ　マ　29
環境アセスメント　165
環境影響緩和　174
環境影響評価　165
環境影響評価書　169
環境基準　36
環境基本計画　36
環境基本法　36
環境政策大綱　146
環境保全措置　174
環境保全目標　174
環境保全林　179
環境容量　36, 185

索引

間欠騒音　124
岩礁　25
緩衝緑地　180
乾性沈着　11
乾燥　97,98
感潮河川　25
管理型処分場　96,111
幾何減衰　138
木くず　157
凝集剤　161
凝縮性ダスト　71
基準大気　69
気象緩和　23
希少種　182
汽水　29
客土　88
球面波　138
共振現象　139,150
矯正　174
強腐水性　62
極性　40
極相　20
距離減衰　128,138
錐（きり）型　69
近隣騒音　125
景観　177
景観設計　179
景観評価　178
嫌気的分解　8
現況調査　169
原始大気　15
原子力エネルギー　4
減衰項　54
原生自然環境保全地域　34
原生動物　29
建設汚泥　157
建設作業振動　135
建設騒音　125
建設廃材　93,94
建設副産物　159
公園緑地　179
公害　43
公害振動　132
公害対策基本法　35
公害抵抗性　180

光化学オキシダント　74
光化学反応　11
降下ばいじん　70,71
好気性分解　28
航空機騒音　127
光合成　7,17
工場振動　135
高速堆肥化　98
交通振動　135
鉱毒被害　44
高度経済成長　48
高密度社会　49
固定発生源　34
湖沼水質保全特別措置法　52
コミュニティ　66
固有振動数　139
コンクリート型枠　157
コンクリートくず　155
混層耕　88
コンポスト　88

さ 行

最小化　174
最小可聴値　119
再ばっ気　59
再ばっ気係数　59
砂漠化　13,14
サーマルリサイクル　105
酸化分解　56
産業廃棄物　90
酸性雨　10
残土　154,158
紫外線　15
時間率騒音レベル　124
自己酸化　57
事後調査　169,172
自浄作用　56
自然環境保全地域　34
自然環境保全法　36
事前調査　169
自然の生態システム　65
持続可能な開発　36
持続的発展　3
湿性沈着　11

実体波　136
湿地　25,29
指定副産物　115
自動車排出ガス　79
し尿処理　92
地盤沈下　86,162
遮音シート　153
遮音築堤　132
遮音壁　132
社会資本　50
遮水施設　109
遮水シート　110
遮断型処分場　96,111
遮断周波数　121
周期振動　132
集じん装置　75
従属栄養生物　17
周波数バンド　121
周波数分析　120
周辺対策　131
シュバルツバルト　12
純音　118
循環型社会　36
純生産量　14,17
準備書　169
硝化　8
焼却処理　99
蒸散　23
常時微動　139
焼成処理　99
情緒障害　125
衝突脱ガス　15
消費者　16
照葉樹林　21
常緑針葉樹林　21
植生　20
植生自然度　33
植生遷移　20
植物修復　187
植物・森林の機能　179
食物連鎖　44
白神山地　34
自律神経系　125
神経信号　125
浸出水　109

索引

親水　63
振動加速度レベル　133
振動感覚補正　133
振動規制法　136
振動レベル　133
真の自浄作用　56
森林生態系　20
森林崩壊　10
水源かん養　23
水質汚濁　43
水質汚濁防止法　51
水素結合　40
水文学的循環　40
水平拡散　55
睡眠妨害　135
スクリーニング　167
スコーピング　168
ストーカ（火格子）方式　100
スパイクタイヤ粉じん　71
生産者　16
成層　41
生態学的モデル　62
生態系　15
生態工学　185
生物学的水質階級　61
生物修復　186
生物操作　186
生物難分解性物質　53
生物濃縮　44
世界遺産条約　34
先進国　3
せん断波　136
選別　97,98
騒音　118
騒音低減工法　152
騒音レベル　122,149
総合騒音　126
総合評価　175
総生産量　17
総量規制　36

た　行

第１種事業　167
ダイオキシン　71,75,79,
102
ダイオキシン類　47,87
対岸景観　179
大気浄化　21
大気の安定度　69
代償　174
代替案　174
第２種事業　167
耐容１日摂取量　103
太陽エネルギー　4
太陽定数　17
濁水　160
多自然型河川整備　182
脱酸素係数　59
脱水機　107
脱窒　8
縦波　136
地域騒音　125
地球温暖化　6
地球環境問題　2
地球サミット　36
窒素酸化物　11,34,71,72
中心周波数　121
超音波音　118
聴覚特性　122
超過減衰　128
聴感補正値　123
聴取妨害　125
潮汐　26
超低周波音　118
潮流　26
貯留構造物　109
地理情報システム　176
沈殿分離槽表面積　161
沈殿法　161
低減・除去　174
定常騒音　124
泥水　157
定性的予測　173
ディーゼルエンジン　78
底泥　28
定量的予測　173
鉄道騒音　127
テトラクロロエチレン　75,79,86
デトリタス　27
デルタ地帯　26
電波障害　163
等価騒音レベル　123
透過損失　153
動物移動路　184
動物のふん尿　93
等ラウドネス曲線　121
道路緑化　180
特殊緑化技術　180
毒性等価換算値　103
特定建設作業　125,150
特定施設　125
特別管理一般廃棄物　116
特別管理産業廃棄物　116
独立栄養生物　17
都市化　49
都市河川　35
土壌　85
土壌汚染　85
土壌環境基準　87
土壌侵食　86
土壌劣化　13
都市緑化　180
土地利用区分　33
トリクロロエチレン　75,79,86
泥落とし対策　163

な　行

内生ベントス　29
内部減衰　138
内分泌攪乱化学物質　46
内分泌系　125
生コンスラッジ　158
南北問題　3
二酸化硫黄　71,72
二酸化炭素　6
二酸化窒素　72
二次汚染物質　11
二次元拡散　55
日照阻害　163
ニューサンス　43
人間環境宣言　36
熱帯多雨林　21

索引

熱帯林　13

は行

ばい煙　79
排煙脱硝　78
排煙脱硫　77
バイオマニピュレイション　186
バイオレメディエイション　89, 186
排土　88
バグフィルタ　76
破砕　97
バーゼル条約　37
パッカー車　97
発酵　29
発生源対策　130
発展途上国　3
波浪　26
半開放系　19
バンドレベル　121
半内生ベントス　29
ビオトープ　187
干潟　25
ヒートアイランド　83
ヒートアイランド現象　180
漂砂　26
表生生物　29
表面波　136
微量ガス　6
貧腐水性　62
ファイトレメディエイション　88, 187
富栄養化　43
不快感　125
俯瞰景観　179
不規則振動　132
複合音　120
物質循環　16, 56
物質代謝　56
浮遊粉じん　70, 71
浮遊粒子状物質　34, 70
プラスチック　47
プランクトン　27
フロン　6
分解者　16
分別収集　96
閉鎖系　19
閉鎖性水域　35
変動騒音　124
ベントス（底生動物）　29
ベントナイト　158
放射性廃棄物　5
方法書の手続き　169
掘割り構造　132

ま行

マグマの海　15
マコモ　29
マニュフェスト方式　154
マングローブ　29
慢性毒性　51
見かけの自浄作用　56
ミティゲイション　174, 185
緑の政策大綱　181
緑のネットワーク　180
水俣病　44
ミンチ　158
メタン　6
メチル水銀化合物　44

や行

屋久島　34
屋根型　69
有機塩素化合物　89
有用種　182
容器包装リサイクル法　116
溶存酸素垂下曲線　60
溶融処理　99
横波　136
ヨシ　27, 29
予測　173

ら行

ライフサイクル　182
落葉広葉樹林　21
ラグーン　25
ラムサール条約　36
リサイクル法　115, 159
リター　18
リター層　23
硫酸還元　29
流軸景観　179
流出抑制施設　65
流動床方式　100
緑色植物　15
ループ型　69
レアメタル　53
0次反応　59
レイリー波　137
ロンドン条約　36

わ行

ワシントン条約　36

著者略歴
羽田　守夫（はねだ・もりお）
　1968 年　東北大学工学部土木工学科卒業
　1970 年　東北大学大学院工学研究科修士課程修了
　1973 年　秋田工業高等専門学校講師
　1984 年　工学博士（東北大学）
　1991 年　秋田工業高等専門学校教授
　2009 年　秋田工業高等専門学校名誉教授（現在に至る）

江成敬次郎（えなり・けいじろう）
　1969 年　東北大学工学部土木工学科卒業
　1975 年　東北大学大学院工学研究科博士課程科目修了
　1975 年　東北工業大学講師
　1985 年　工学博士（東北大学）
　1992 年　東北工業大学教授
　2014 年　東北工業大学名誉教授（現在に至る）

建設工学シリーズ
環境工学　　　　　　　　　　　　　　Ⓒ羽田守夫・江成敬次郎　2000
2000 年 3 月 10 日　第 1 版第 1 刷発行　　【本書の無断転載を禁ず】
2021 年 3 月 22 日　第 1 版第10刷発行

著　　者　羽田守夫・江成敬次郎
発 行 者　森北博巳
発 行 所　森北出版株式会社
　　　　　東京都千代田区富士見 1-4-11（〒102-0071）
　　　　　電話 03-3265-8341/FAX 03-3264-8709
　　　　　https://www.morikita.co.jp/
　　　　　自然科学書協会　会員
　　　　　JCOPY ＜（一社）出版者著作権管理機構　委託出版物＞

落丁・乱丁本はお取替え致します　　　　　　　　印刷・製本/丸井工文社

Printed in Japan/ISBN 978-4-627-40681-0